Dialogs with Scientists of the Future

Papers from the 13th All Japan High School Science
Grand-Prix Conducted by Kanagawa University

未来の
科学者との
対話 13

学校法人 神奈川大学広報委員会
全国高校生理科・科学論文大賞専門委員会 編

日刊工業新聞社

未来の科学者との対話13　目　次

はじめに……………………………………………………………5
　「神奈川大学全国高校生理科・科学論文大賞」審査委員長
　長倉 三郎

●審査委員講評

地震予知について　　上田 誠也………………………………7

女性の活躍を　　田畑 米穂……………………………………10

科学とは何かを考えてみよう　　中村 桂子………………12

化学の研究の難しさ　　細矢 治夫……………………………15

「論文の書き方」の見方から　　竹内 敬人…………………18

個人研究か、グループ研究か　　佐藤 祐一………………21

●大賞論文

細菌株を駆使した新たな「染色廃水処理装置」の開発
　　愛媛県立新居浜工業高等学校　環境化学部・・・・・・・・・・・・・・・・・・・・・・・・・24

●優秀賞論文

天然食品「マヌカハニー」の絶大な抗菌効果
　　山村国際高等学校　生物部　小林 聖莉奈・・・・・・・・・・・・・・・・・・・・・・・・・42

闘竜灘はなぜ加古川を氾濫させたのか
　　兵庫県立西脇高等学校　地学部マグマ班・・・・・・・・・・・・・・・・・・・・・・・・・60

パズルゲームを解くアルゴリズム
　　渋谷教育学園渋谷高等学校　齋藤 主裕・・・・・・・・・・・・・・・・・・・・・・・・・99

●努力賞論文

小惑星の試料回収は「投網」方式で
　茗溪学園高等学校　阪口 友貴……………………………………104

イルミネーションの不思議な筋の正体
　群馬県立前橋女子高等学校　東野 優里香…………………………113

マメ科植物と根粒菌との損得関係
　横浜市立横浜サイエンスフロンティア高等学校　西山 和華奈…124

春を告げる「カタクリ」の花の向きと斜面の関係
　岐阜県立加茂高等学校　自然科学部…………………………………134

水ロケットの二段加速現象
　静岡県立富岳館高等学校　環境科学研究部ロケット班……………144

自作赤道儀で星を追う
　名古屋市立向陽高等学校　科学部天文班……………………………154

牛乳の泡立ちの秘密
　京都府立洛北高等学校　サイエンス部物理班………………………165

被災地の農地再生に向けて
　兵庫県立加古川東高等学校　理数科根粒菌班………………………175

クマムシが「最強の生物」である所以
　愛媛県立今治西高等学校　生物部クマムシ班………………………183

ヨットが風上に進める理由
　愛媛県立八幡浜高等学校　自然科学部ヨット班……………………193

蚊は渡り鳥にとって脅威なのか
　　愛媛県立宇和島東高等学校　チームMosquito……………204

「ネフロイド」という曲線の美しさを証明
　　久留米工業高等専門学校　電気電子工学科　木太久 稜…………215

「降灰君」で桜島の降灰量を正確に測る
　　鹿児島県立錦江湾高等学校　化学研究部………………224

扇風機と掃除機を使った「手作り積乱雲モデル実験」
　　沖縄県立球陽高等学校　地球科学部………………234

オオジョロウグモの巣の傾きの謎
　　沖縄県立宮古高等学校　生物部　平良 榛希…………243

●**第13回神奈川大学全国高校生理科・科学論文大賞
団体奨励賞受賞校、応募論文一覧**………………256

神奈川大学全国高校生理科・科学論文大賞の概要………267

あとがき……………………………………268

はじめに

審査委員長
長倉　三郎

　第13回目を迎えた本年度の「神奈川大学全国高校生理科・科学論文大賞」では、応募論文数が大幅に増え45の高校（うち新規14校）から93編の応募をいただきました。特に今回、初めて応募していただいた高校から複数の研究成果が寄せられたことに、理科教育の広がりを感じております。ご指導にあたられた高校の先生方にあらためてお礼を申し上げたいと思います。

　第13回では、研究方法や分野にそれぞれ特徴があり、その特徴を十分にいかした優れた内容であったため、最終審査は例年になく難しいものになりました。大規模プロジェクト型のグループ研究や、先輩からの伝統を継承しながら次の段階へ進めた研究、その発想力で審査の枠を飛び出すような個人研究など、甲乙つけがたいものでした。

　大賞の「シイタケ廃菌床ラッカーゼによる染色廃水の脱色について」は、先輩の先行研究をしっかりと引き継ぎ、そのうえに構築されたものであり、地元の産業と環境問題に着目した、応用の可能性の期待できる内容が評価されました。

　優秀賞についても、素朴な疑問からテーマを見つけ、所属部の伝統と環境の中で蓄積された研究手法を駆使して導いた結果をまとめた「天然食品の食中毒菌に対する抗菌効果の測定」、グループで広範囲にわたる観察を重ね、組織的に取り組んだ「本校が立地する兵庫県中部〜南部地域の基盤岩の形成過程―兵庫県中部〜南部に広く分布する流紋岩質凝灰岩に着目して―」、個人の発想力を発揮した独創的な論文「パズルゲームを解くアルゴリ

ズム」と、評価の基準はとても多様であったと思います。

　努力賞についても、基礎的な分野から複合的な分野まで、また、高校生らしい身近な研究から、グローバルな視野の壮大な研究まで多岐にわたり、今後の発展研究を期待できるものも多く、次回の本大賞への応募が楽しみな論文が揃いました。

　今後も研究活動を続けてゆく高校生のみなさんに、論文を書くうえでいくつかアドバイスをするとすれば、まず、先行研究を可能な限り調べたうえで研究に取り組むことと、引用文献を論文に明確に記載すること、そして、得られた実験結果は論文の重要な論拠になるものですので、表やグラフの単位や数値を正確に記載することと、その見易さに注意をはらっていただきたいと思います。

　この作品集は、独創的な発想や成果を持つ高校生が、ひいては未来をになう科学者となる可能性に期待し『未来の科学者との対話』というタイトルにしています。本大賞の意義を具現化する高校生のみなさんの研究論文が、今後の社会の希望へとつながることを祈念して、みなさんにお届けします。

プロフィール

長倉 三郎（ながくら　さぶろう）

　1920年静岡県生まれ。1943年東京帝国大学理学部卒業。理学博士。東京大学教授、岡崎国立共同研究機構分子科学研究所長、同機構長、総合研究大学院大学長、神奈川科学技術アカデミー理事長、日本学士院長を歴任。現在、武蔵野地域自由大学学長。物理化学。

　編著書に『有機電子理論』（培風館、1966年）、『岩波理化学辞典第5版』（共編）（岩波書店、1998年）、『Dynamic Spin Chemistry』（共編）（Wiley、1998年）ほか。

　文化勲章（1990年）受章。

審査委員講評

地震予知について

上田 誠也

　第13回神奈川大学全国高校生理科・科学論文大賞の受賞者の皆さん、おめでとう。今年もなかなか面白い内容の論文が幾つもありました。あなた方の論文はその中でも特に優れたものとして選ばれたのです。選ばれたといっても、私は地球物理学者ですから、優秀賞の兵庫県の基盤岩の研究以外については、ほとんどの論文の詳細を専門的に評価するのは困難でした。しかし、いずれもが面白い事柄に目をつけた高校生らしい論文だということはよくわかりました。これからも益々、頑張っていきましょう。

　さて、今回は地震の予知の問題について、お話しようかと思います。課題自体は明確でも、出発点で方向を誤ると、研究成果が上げにくい例かもしれないからです。

　地震の予知は昔からの悲願です。明治維新の頃に、日本政府に招かれて、多数の海外の学者がやってきて、地震の多さに驚いて、1880年、世界最初の地震学会を日本でたちあげました。その時、貢献の大きかった英国人John Milne さんは、学会創立の記念講演で既に「地震学者の最大任務は予知法をみつけること」と強調しているのです。

　百年近くも経って、1965年には地震予知計画が国家的規模で始まりました。しかし、この計画では一度も地震を予知したことがありません。一体、それは何故でしょう？これが今日の主題です。地震予知とは、来るべき地震の震源地、大きさ（マグニチュード）、時期を、人々に役立つ精度で示すことです。"日本のどこかで大地震が、そのうちにおこるでしょう"ではとても予知にはなりません。時期でいえば、一年先でも長すぎて、あまり役にたたないでしょう。つまり、もっと短い「短期予知」以外は地震予知とは言えないのです。

　短期予知ができるためには、地震そのものがおきる前になにか、前兆現

象を見つけなければなりません。これはまったくの常識で、研究者達はまさに長年にわたってそれに取り組んできたのです。ところが、不思議なことに、1965年に開始された大規模な地震予知計画では、この簡単明瞭な常識が終始無視されてきたのです。だから予知ができなかったのです。どうしてそんなことになったのでしょうか？

いろいろな理由もありますが、一番、根本的なのは、国の支援を受けたい予知計画が主に、地震学者たちによって独占されてきたことだと思われます。計画発足の時点では、当然の事ながら誰もが地震予知は地震学の仕事だと思ったのです。そして、大きな予算・人員が与えられました。ところが、地震学というのは、既に起こった地震について研究する学問です。地震の起こる前のことは地震学ではあまり分かりません。自明のことですね。だから、前兆現象はつかめない。したがって短期予知はできない。計画の出発時に、前兆現象をつかむための方策をもっともっと真剣に模索すべきだったのに、それがなされなかった。しかし、自然は待ってくれませんから、大地震は予知されずに次々とおこります。地震学者達はそれらの研究に忙殺され、予知研究には進まない。2011年の3.11東北地方太平洋沖地震のあと、とうとう、彼等は、2014年に白旗をあげました。来るべき東海・東南海地震・津波も彼らには予知はできないというのです。では東海道や四国の沿岸の人々は見捨てられるのでしょうか。予知が事前に実現はしないまでも、誰かが、懸命に研究を続けるべきではないでしょうか。

そこで、昨年、誕生したのが、日本地震予知学会です。今までお国の地震予知計画からほとんど恩恵をこうむってこなかったが、前兆現象は電磁気学的シグナルとか、動物の異常行動など、他の方法では掴めるという信念の人びとが集まったのです。最近では、地震計のデータからも有用な情報が得られはじめています。いわゆるビッグデータを用いての新しいサイエンスです。将来が楽しみな状況です。地震学と地震予知学とは違う学問だということがやっと分かってきたのです。

プロフィール

上田 誠也（うえだ　せいや）

　1929年東京生まれ。1952年東京大学理学部卒業。理学博士。東京大学地震研究所助手、理学部助教授、地震研究所教授、東海大学教授。日本学士院、全米科学アカデミー、ロシア科学アカデミー会員。

　著書に『地球の科学』（共著）（NHK ブックス、1964年）、『新しい地球観』（岩波新書、1971年）、『The New View of the Earth』（W. H. Freeman、1978年）、『プレートテクトニクス』（岩波書店、1989年）、『地球・海と大陸のダイナミズム』（NHK ライブラリー、1998年）、『地震予知はできる』（岩波科学ライブラリー、2001年）ほか。

女性の活躍を

田畑 米穂

　本年は 93 編の応募論文があり、昨年の 67 編と比較すれば、飛躍的増加であり、誠に喜ばしい。

　最近は、少子高齢化で、女性の活躍が人類特に日本を救う道であるとよく言われて久しい。筆者は兼ねがね日本の女性の活躍に注目しており、大いに期待している一人である。あらゆる分野で、先駆的な役割を演じているが、その数は少ない。スポーツの分野では、多くの人々、グループの活躍が目覚ましい。

　特に、神奈川大学の科学論文の応募についてみると、女性の活躍が目覚ましい。今迄の 10 年を振返ってみると、明白である。論文の多くが、女性優位で進められており、大賞や優秀賞の数も圧倒的に多いと思う。このことはよい傾向であり、すばらしいことと思う一方、男性頑張れ、男性は何をしているか、と言いたくなる。

　大賞の「シイタケ廃菌床ラッカーゼによる染色廃水の脱色について」については、小グループでの発想がすばらしく、体系的に論理的でよくまとまっている。効果の特長、とくに放射線効果との比較、経済性の見透しなど、知りたいと思う点はいくつかある。

　優秀賞の「天然食品の食中毒菌に対する抗菌効果の測定」は個人の発想であり、個人的な数々の工夫がなされた立派な論文といえる。只、単位の記述に曖昧さがあるのが、少し残念である。

　優秀賞の「本校が立地する兵庫県中部〜南部地域の基盤岩の形成過程―兵庫県中部〜南部に広く分布する流紋岩質凝灰岩に着目して―」については、典型的なグループによる広域的な大規模の研究で、広大な洪積台地、加古川の地勢を明らかにしている。数か所におよぶ不明記号の存在は残念である。

　大賞、優秀賞の選択で、個人あるいはそれに属する少人数グループと大

きなグループによる大型、体系的継続的研究かを選択する場合、迷ってしまう。特徴か originality が重要であると思っている。idea の提案者が大きなグループに支えられて（長期に亘る大規模実験の繰り返し）選考されている。個人の研究かグループの研究かのどちらを選ぶべきかは課題である。

高校生の論文審査はノーベル賞とは異なるので、適当な調和が必要と思っている。今後、引き続いての長期に亘る課題であろう。

女性のみで仕上げた「自作赤道儀で星を追う」は、根気のよい研究で、文字通り女性のみで男性にとっても大変な仕事を成し遂げたという実感である。まさに女性のパワーを見たという印象の論文である。いずれにしても、それぞれ立派な論文がそろっており、今後大いに期待される。

ノーベル賞についても、最近いくつかの受賞が日本であり、30～40年前に基点がある。現在日本では、基礎研究は軽視される傾向にある。将来のノーベル賞受賞の可能性が低下する可能性が大きい。日本では、男性に替わって女性の可能性が大きくなるのではないか。

将来に向かって、心配と期待が交錯する。

プロフィール

田畑 米穂（たばた　よねほ）

1928年長野県生まれ。1952年東京大学工学部卒業。工学博士。東京大学講師、助教授、メリーランド大学客員教授、東京大学教授、ハーンマイトナー研究所客員教授、京都大学教授（併任）、東海大学教授を経て、原子力委員会委員、（公社）日本アイソトープ協会副会長を努めた。勲二等瑞宝章（1998年）受賞。

著書に『放射線高分子化学』（日刊工業新聞社、1963年）、『放射線加工』（日刊工業新聞社、1969年）、『放射線重合』（産業図書、1969年）、『放射線化学』（東京大学出版会、1978年）、『素粒子の化学』（学会出版センター、1985年）、『Handbook of Radiation Chemistry』（CRC-Press、1989年）、『Pulse Radiolysis』（CRC-Press、1989年）。

科学とは何かを考えてみよう

中村 桂子

　高校生が真剣に行なった研究成果を今年も楽しく読みました。どの論文も、身近な現象に対して抱いた疑問をていねいに考える姿勢に好感が持てます。また疑問を解くだけでなく、その成果を役立てようとする気持もよいと思います。たとえば、大賞のシイタケ廃菌床ラッカーゼは、地元で盛んなタオルや製紙産業の染色廃水処理という具体的な目的を持っているために、研究にはずみがついています。

　ニュージーランドのお土産物屋で見つけたマヌカハニーを研究対象にしたのは、科学と日常のつながりが楽しく、そこで見出した抗菌活性成分を焼き菓子の保存料として応用してみたのもよいと思います。

　兵庫県南部の基盤岩形成過程の研究は、本格的な地質学研究ですが、動機には、学校周辺を悩ます加古川の水害の原因を探りたいという気持ちがあります。今回初めて登場したコンピュータゲームの解析アルゴリズム。私には評価できず専門の先生にお任せしましたが、これこそ遊び・科学・応用が一体化した楽しい作業に見えました。これから伸びる分野でしょう。新しい世界が開けるのが楽しみです。

　論文の書き方その他細かいことはともかく、皆さんの中に日常の中から疑問を見出し、答を発見し、その応用も考えるという過程を「科学」として進めていく文化が形成されていることはすばらしいと思います。そこにこの論文コンクールも役立っていると思うと嬉しくなります。

　それを前提としたうえで、今回は「科学」について少し考えてみたいと思います。17世紀のヨーロッパで生れた科学は、科学技術を開発し、便利で豊かな社会をつくってきました。ところで、自然科学という言葉が示すように、科学が知ろうとする対象は自然です。科学が生れた時、ガリレイが「自然は数学で書かれている」、ベーコンが「自然は操作できる」と言いました。更にデカルトが「人間も含めてすべてを機械ととらえる」、ニュー

トンは「分析していけば自然はわかる」と言ったのです。この考え方を「機械論的世界観」と呼びます。これがあったからこそ、素粒子やDNAというミクロの世界が見え、自然界の構造やはたらきが明らかにされ、科学技術も進歩しました。すばらしい成果です。

　でも、自然は機械でしょうか。人間がすべてを操作できるものでしょうか。かつて宇宙は動かないものとされていました。しかし今、宇宙は何もないところから生れ、膨張を続けていることがわかっています。変化しているのです。しかも暗黒物質や暗黒エネルギーなど、未知のものがたくさんあります。生物はもちろん、宇宙も地球もどのようにして生れ、どのように変化するかを知らなければ理解できません。機械ではないのです。自然を知るための新しい考え方が必要になってきました。生れ、育ち、いつかは死んでいく（生物だけでなく星も）……自然は機械ではなく生きもののようだ。今私はそう考えています。これを少し難しく言うと「生命論的世界観」です。自然を機械と見て、操作し支配しようとしてきたこれまでの科学技術社会は、地球環境問題を起こしています。資源やエネルギーの問題も起きています。それだけでなく、日常生活でも、人間が主体ではなく科学技術に振りまわされているとしか思えない場面もあります。

　科学を通して自然を知り、新しい技術を生み出し、暮らしやすい生活を作っていくことはとても人間らしい生き方です。でも、その「科学」は、本当に自然を知るものになっているだろうか。実は今、こんな大きな課題が私たちの眼の前にあります。高校生にこんな面倒なことを言わない方がよいという考え方もあるでしょう。でも私は本当に科学に興味を持っている高校生には、このことをぜひ考えて欲しいと思っています。最初に述べたように、身近なところで科学を考え、生活に生かすことを楽しみながら、その中で今回私が提起した問題も考えてください。これからの科学を育てていくのはあなたたちなのですから。

プロフィール

中村 桂子（なかむら　けいこ）

　東京都出身。1936年生まれ。東京大学理学部化学科卒業。東京大学大学院生物化学博士課程修了。理学博士。三菱化成生命科学研究所人間・自然研究部長、早稲田大学人間科学部教授、大阪大学連携大学院教授などを歴任。1993年からJT生命誌研究館副館長。2002年同館館長、現在に至る。

　著書に、『生命誌年刊号「ひらく」』（編集）（新曜社）、『ゲノムが語る生命—新しい知の創出』（集英社）、『「生きている」を考える』（NTT出版）、『生命誌とは何か』（講談社学術文庫）、『生き物が見る私たち』（青土社）、『科学は未来をひらく中学生からの大学講義3』（ちくまプリマー新書）『生きもの上陸大作戦』（PHP研究所）、『科学者が人間であること』（岩波新書）、ほか多数。

化学の研究の難しさ

細矢 治夫

　私の専門は化学である。でも、大学を定年で辞めた時は情報科学科に属していた。また、今現在は、周りから冷やかされるくらい数学に凝っていて、その専門の人達と議論も交わしたりしている。

　そういう人間だから、神奈川大学の高校生の論文大賞の審査に長年携わっていて、物化生地や数理情報系の分野の分布についてのこだわりはあまりもっていない、つもりではある。しかし、そういうつもりでいても、最近の傾向として、どうも化学分野の応募数も表彰される論文も少ないことには残念な気がする。実は、ここの審査員の中にも、化学系の先生が何人もおられるので、その方達はもっとぎりぎりしておられるのかも知れない。

　しかしこの場を借りて、そういうつぶやきを聞いてもらう気はさらさらない。生徒の研究の御指導をされる先生方、特に化学以外の分野の先生方に、化学の研究の重要さと難しさを知って頂きたいのである。

　化学を語る際に欠かすことのできないものが、元素記号と化学式である。その最初に出て来るのが、H、即ち水素である。

　化学に身を置く者は誰でも、このHという文字を見たとたんに、1個の水素原子と同時に、$6×10^{23}$個、即ち1モルの水素原子の集団を考える。しかも、その水素原子というのは、プラスの電気をもった小さな陽子の周りを、マイナスの電気をもった1個の軽い電子がぐるぐる回ってできているという、古ぼけたボーア模型的な理解が一般である。しかし、それに少しずつ尾ひれを付けて行くと、元素の周期表や、化学構造式から化学反応式まで、「見てきたような話」をどこまでも拡げて行くことができるのだ。

　それに対して、化学が嫌いだったり分らない人は、元素記号を見たとたんにそこから逃げ出したり、拒否反応を示してしまう。それは、化学の人が自由自在に扱っている道具立てとその扱いの基礎的な論理や数理がきちんと教科書的に教えられていないことが主な原因なので、その人達のせい

ではない。

　その一方で、化学の人達は、水素原子の量子力学的実体、更には、それを越える量子電磁気学的世界での本当の姿を誰もが知っている訳ではない。実測される水素原子のスペクトルの超微細構造は、電子や陽子のゼロでない極微の大きさまでを考えなければ十桁以上の精度で説明することはできないのだ。また、相対性理論による補正が原子番号の大きさとともにどこまで必要になるのかも難しい問題である。そのような所まできちんと理解している化学者はそれほど多くはないし、そこまで知らなくても化学の研究や教育を行う資格は十分にあるのである。

　事実、科学者が原子分子のそういう実体を知る以前から積み上げてきた化学物質についての膨大な知見と経験を巧みに取捨選択して、今日の化学者集団は「化学の論理」を獲得し、天然物の構造と反応についての大系を明らかにするだけでなく、有用な新物質の設計と合成にも成功して来たのである。今後、限りある資源やエネルギーの利活用とそれに不即不離な環境問題の解決には、その化学者の力なしに実行することはできない。

　上に述べたような化学者の果たした実績があったからこそ、核酸やDNAという分子レベルでの生物学・医学生理学・薬学・食品栄養学・生物物理学、更には地球科学・宇宙化学の今日の大きな発展があったのである。

　そこで、これからの化学者集団の対外的な務めは、他分野の科学者が論理的・数理的に納得するような「化学の論理」の普及と伝道にある、というのが私の持論なのだが、ここではその問題はひとまず封印させて頂く。

　このように複雑な状況にある化学の世界に、高校生の研究成果が入り込む余地があるのだろうか、という大きな疑問が当然入って来るし、その高校生を指導される先生方の悩みも大きいはずである。

　しかし、今指摘したように、化学の他分野との絡みや協調関係は時代とともにどんどん深まって来ているのだから、化学や化学者の登場の機会はいくらでも広がっている。

　そこで化学系の先生達への私からのお願いは、できるだけ広い目で化学の周辺領域を眺め回すだけでなく、他分野の専門の人達との情報交換を密にして、学生の研究テーマを探して頂きたい。また、化学以外の分野の先

生方も積極的に化学の先生に議論を吹きかけたり、意見を聞いて頂きたいのである。

　生物、食品、栄養、地学等に関わる簡単な指示薬の使用や溶媒の選択、温度等の実験環境の設定や測定等、化学者からのちょっとした助言や注意で、得られる実験結果が格段に改良されたり信頼度が高まる余地はいくらでも出て来るのである。研究の題目に使われる用語の選択一つでも、その研究の注目のされ方や信頼度に影響の出ることもあり得るのである。そういう意味での総合的な研究とその指導のあり方が切に望まれていることを十分認識して頂きたい。

　これが、私からの先生方へのお願いである。

プロフィール

細矢 治夫（ほそや　はるお）

　1936年神奈川県生まれ。1959年東京大学理学部化学科卒業。1964年同大学大学院化学系研究科修了。理学博士。理化学研究所研究員を経て、1969年お茶の水女子大学理学部助教授。同大学学生部長、理学部長を経て、2002年定年退職。現在、同大学名誉教授。

　著書に『量子化学』(サイエンス社、1980年)、『化学をつかむ』(岩波ジュニア新書、1983年)、『絵とき量子化学』(オーム社、1993年)、『光と物質―そのミクロな世界―』(大日本図書、1995年)、『日本文化のかたち百科』(小町谷朝生、宮崎興二と共編)(丸善、2008年)、『三角形の七不思議』(講談社ブルーバックス、2013年)、『はじめての構造化学』(オーム社、2013年)、ほか編著多数。

「論文の書き方」の見方から

竹内 敬人

　毎年のことだが、高校生諸君の読んで楽しい論文に出会うのは嬉しいことである。「よくやったね」といいたい。しかしこの場は諸君を褒める場ではなく、諸君や諸君の後輩に役立つ助言をする場であろう。そこで今回は「論文の書き方」について助言してみたい。

　研究論文の形式は、長年の経験を踏まえた結果、ほぼ固まっている。私は主に化学の論文を書いてきたが、実験科学であれば他分野でも大同小異であろう。形式に従って書かれた論文は、読みやすく、理解しやすい。同時に、著者にとっても、読んで貰える、理解して貰える利益がある。

　その形式は、特に目新しいものではない。すなわち

(1) 要約：数行程度の要約：研究の目的、成果、意義を簡潔にまとめる。
(2) 序論-目的：研究テーマを選んだ理由、テーマの背景、先行研究などの紹介。
(3) 方法：研究方法の提示（結果を述べる場ではない）。
(4) 結果：得られた結果を要領よくまとめる。
(5) 議論：結果から結論を得る論理の展開など。
(6) 結論：(5) に含まれる場合もありえる。
(7) 実験：実験の詳細　化学反応であれば試薬の量、反応時間、後の処理などの詳細。
(8) 文献：番号をつけ、文献を用いた本文中の位置と対応させる。

　もちろん、これはあくまで一例であるが、おおむねこの流れに従って書かれた論文は多い。では高校生諸君の論文を見てみよう。
コメント
　(2)：研究の背景としての先行研究についての調査が不十分なケースがままある。高校生の研究の場合、先行研究があっても、そのテーマに再挑戦

する意義を示すことができれば、テーマとしてかまわない。

　研究テーマを選ぶ前の調査は将来研究を行うときには必ずなすべきことであるから、高校生のうちに経験しておくのには意義がある。

　(3、4)：ここは実験の詳細を長々と述べる場ではない。読者が詳細を知りたければ (7) を見ればよいのだから、ここは要点と結果に絞りたい。諸君の論文のいくつかでは、両者が一緒になっている。書く立場に立てば、そのほうが簡単で易しい。しかし、論文を読んでほしいと願うならば、両者を分けるのが得策である。

　(7)：両者の区別ができれば、(7) には議論の要素はなく、データのみとなる。

　(8)：この部分に力をいれれば、よい論文と認められるのに役立つ。大賞に応募するレベルの論文であれば、完成までに多くの文献や資料を参考にしているはずである。その主要なものを論文引用のフォーマットに従ってきちんと示したい。

追加コメント

　論文を書くのに際して、この他に注意してほしいことがある。

　(A) 論文中の図や表は、本文で引用される場所になるべく近いところに配置するようにしたい。普通のサイズの図や表なら、該当する本文と同じページに収まるように工夫できよう。論文を読んで貰い、理解して貰うための常道である。

　(B) 科学の細分化が著しい今日では、ある種の用語は特定の分野にかかわっている人にしか理解できなくなっている。しかし、それらが通用するのはその特定の分野のための雑誌や組織の中だけであり、もっと広い範囲の読者を対象とする場（この大賞も該当しよう）では、そのような特殊な用語の使用は避けるべきである。

　以上の諸注意に対しては、「論文の内容がよければ、形式は二の次」という反論もあるのは承知している。しかし、「読んで貰いにくい論文」より「読んで貰いやすい論文」を書きたいと思うのが人情だろう。「そうか」と思い当たった諸君の今後の発展に役立てば幸いである。

プロフィール

竹内 敬人（たけうち　よしと）

　1934年東京生まれ。1960年東京大学教養学部教養学科卒業。理学博士。東京大学教養学部助手、助教授、教授を経て、1995年東京大学名誉教授、同年神奈川大学理学部教授。2005年神奈川大学名誉教授、2005-2010年国際教養大学客員教授。専門は有機化学、化学教育。国際純正および応用化学連合（IUPAC）物理有機化学委員会、同化学教育委員会幹部委員を長くつとめた。小学校から大学、大学院レベルまでの教科書や参考書、専門書など、広い範囲の著作がある。化学教育賞（日本化学会、1999年）、アジア化学教育賞（アジア化学会連合、2007年）を受賞。

　高校生に読んで貰いたい著書・訳書。『ファラデー　ロウソクの科学』（岩波文庫、2010年）、『人物で語る化学入門』（岩波新書、2010年）、『アシモフ　化学の歴史』（河出書房、1967年の復刊）（筑摩書房、2010年）、『ビジュアルエイド化学入門』（講談社、2008年）、『高校からの化学（全4冊）』（岩波書店、1999-2000年）、『化学の基本7法則』（岩波ジュニア新書、1998年）。

個人研究か、グループ研究か

佐藤 祐一

　研究には個人で行う場合とグループで行う場合がある。後者は共同研究ということもある。どちらが好ましい研究形態であろうか。要は優れた成果が得られればそのやり方が問われないのはいうまでもない。ちなみに今回の理科・科学論文大賞についてみると、大賞は2名のグループ研究で、優秀賞は2件が個人研究、1件がグループ研究であった。過去13回分についてみると大賞では個人研究6件、グループ研究7件、優秀賞は個人研究4件、グループ研究35件であった。荒っぽい見積もりとして大賞と優秀賞をまとめてみると52件中42件、約81%がグループ研究である。この結果だけから判断すると高校生諸君にとってはグループ研究の方がやりやすく優れた結果が得られやすいのであろうか。いろんな見方ができると思うが、研究者になりきっていない高校生にとっては個人で解決できるような新しいテーマを見つけるのは未だ困難であり、各高校での伝統的なテーマの発展、あるいは顧問の先生が用意されたテーマを複数の生徒諸君がとり組んだということの結果であろうか。これは大学生についてもいえる。理工系の大学では4年生になると卒業研究が必須である。いわゆる卒論というもので各人が個人で研究を展開し、論文を書かなければならない。一見、個人研究のようであるが、私の20数年間の体験によればこの間に接した約300名弱の学生で自分からこのテーマをやりたいと申し出たものはほぼゼロといっても過言ではない。これまで研究室で行ってきたいくつかの分野のおおよその方向や今後私が展開したいテーマを示し、各人に選択させるようにしてきた。これは全国ほぼどこの大学でもいえることではないか。非常にかぎられたごく少数の優秀な学生が指導教員も考え付かないような新しい、画期的なテーマを設定し、展開するのであろう。それにしても顧問の先生方のご苦労がしのばれる。まず、テーマが生徒諸君を引き付けるような魅力的で実り豊かな、かつ、高校生の知識と技術でクリアできるよ

うなものでなければならない。研究が壁に突き当たったとき生徒自身の力で乗り越えられるように適切な助言を与え、論文として完成させるまでの過程で遭遇する数々の問題を克服しなければならない。

　私のささやかな体験でもグループ研究の運営は難しいものである。10数年前、研究テーマはエネルギー、環境汚染防止、これらに関わる材料開発と何でもありの内容で、構成メンバーも当時の応用化学科、電気工学科、建築学科の教員からなる11名のプロジェクトチームのリーダーを5年間務めた。中間評価で、単なる個別研究の寄せ集めとならないようにとの厳しいコメントが付いた。私は何回か研究報告会を開き、得られた研究成果ができるだけ共通の情報となるよう努め、ある成果（方法）が他のメンバーの研究に波及、応用化されるよう心掛け何とか最終評価は合格点をもらえた。個人研究は無論であるが、共同研究が成果を上げるためには、繰り返しになるが魅力的で挑戦的なテーマで、これを構成員が互いに補い合うような専門知識、技術を持っていることが必須である。化学分野で言えば、画期的な実験結果を生み出す実験家に理論家と、高度の計測技術を有する測定者（どちらかと兼ねてもよい）が加わるとき理想的なグループ研究が進むであろう。

プロフィール

佐藤 祐一（さとう　ゆういち）

　1939年新潟県生まれ。1962年東北大学理学部化学科卒業。1964年同大学院理学研究科修士課程（化学専攻）修了。理学博士。東北大学理学部助手、東京芝浦電気（株）、東芝電池（株）、神奈川大学工学部助教授、教授、工学部長を経て、2010年定年退職。同大学名誉教授、蘇州大学客座教授。現在、（独立行政法人）科学技術振興機構（JST）産業連携展開部先端計測室領域統括。専門は電気化学、無機材料化学。進歩賞（日本化学会、1973年）、棚橋賞（電気化学会、1984年）を受賞。
　著書に『ユーザーのための電池読本』（高村 勉と共著）（電子情報通信学会、1988年）、『化学と社会』（分担執筆）（岩波書店、2001年）、『キャパシタ便覧』（編著）（丸善、2009年）、『マンガでわかる電池』（藤瀧和弘と共著）（オーム社、2012年）ほか。

大賞論文

大賞論文

細菌株を駆使した新たな「染色廃水処理装置」の開発
(原題：シイタケ廃菌床ラッカーゼによる染色廃水の脱色について)

愛媛県立新居浜工業高等学校　環境化学部
2年　伊藤 夢人　古谷 秀斗

研究のきっかけ

　私たちの住んでいる愛媛県には、今やタオルのブランド名にもなっている今治市、また県の東端に位置し「紙の町」として有名な四国中央市がある。私たちの先輩たちは、そのタオルや紙を製造する過程で出る着色廃水を、細菌を利用して無色化させようと実験を重ね、「*Chryseobacterium daecheongense* KIT-56株」という微生物を発見した。ちなみに、このKIT-56株は、着色する染料の中でも特にアゾ基を分子内にもち、現在もっとも多く使用されている合成染料である「アゾ染料」に有効である[1]。

　その結果をもとにして、先輩たちはKIT-56株を利用した「染色廃水処理装置」を考案し、特許取得[2]した。しかし、このKIT-56株は最後までアントラキノン（anthraquinone）系などの反応染料は脱色できなかった。そこで私たちは、先輩たちが残してくれた課題をクリアするために、安価にかつ容易に抽出する方法を確立することにした。そのためにまず、アントラキノン系反応染料を脱色してくれる物質を「シイタケ廃菌床」に求めることで本研究をスタートさせた。

　図1に示したのはKIT-56株の染料脱色状況である。染色工場で使われ

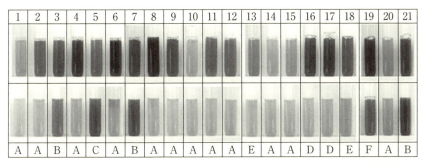

図1 *Chryseobacterium daecheongense* KIT-56 株による染色工場汎用染料 20 種類の脱色状況（上段：処理前、下段：処理後、21：RBBR）

ている反応染料20種類のうち、「A」で示すアゾ染料はよく脱色し、「B」で示すアントラキノン系反応染料は脱色できていないことがわかる。この結果から私たちは、KIT-56株で脱色できなかった染料をシイタケ廃菌床抽出液で脱色できるか試してみることにした。

1　シイタケ廃菌床について

　私たちはこれまで、シイタケ菌床製造会社にキャリア教育でお世話になっている。そこで廃棄された大量の廃菌床の再利用方法も事業所の方と考案してきた。その中で、キノコの仲間である白色腐朽菌が生産する酵素（ラッカーゼ、リグニンペルオキシダーゼ、マンガンペルオキシダーゼ）がリグニンを分解するだけでなく、フェノール性色素を分解するという報告[3]を知ることができた。さらに、これらの酵素は染料以外にもダイオキシンなどの毒物の分解にも関係することもわかった。

　このことから私たちはキノコ菌床製造会社のご協力をいただき、キノコ廃菌床を使用したアントラキノン系反応染料の脱色に関する研究を開始した。

2　アントラキノン系反応染料とは

　アントラキノン核をもつ構造の染料で、アゾ染料と並び主要な化学染料である（図2）。木材繊維の主成分の1つであるリグニンを分解する酵素を作り出す菌類の中で、特にダイオキシンを分解する菌が、レマゾールブリリアントブルーR（RBBR＝アントラキノン系染料である）を脱色する性

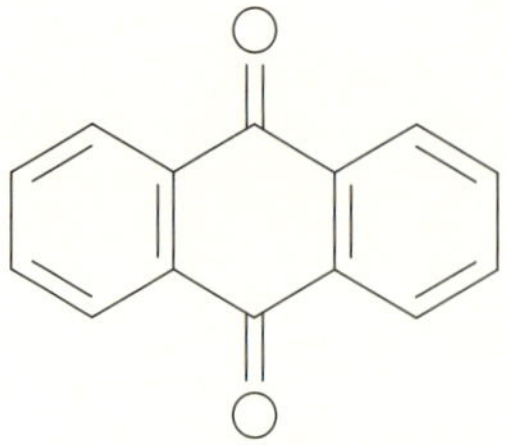

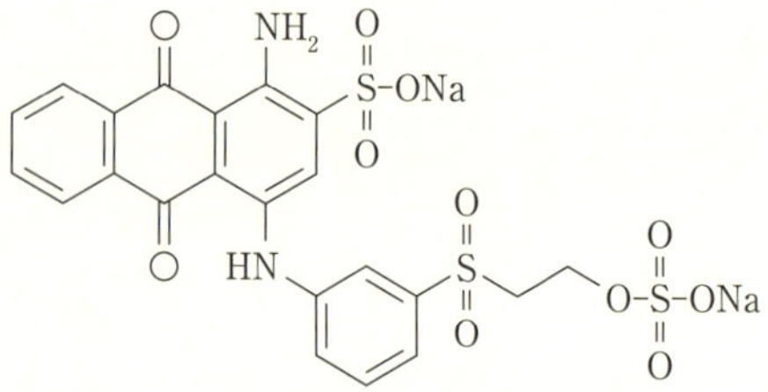

図2　アントラキノン（左）、レマゾールブリリアントブルー R（RBBR）（右）

質をもっていることはすでに報告[4]されている。しかしその分解機構は、依然として不明である。

シイタケ廃菌床抽出液の諸性質

1　実験の方法と結果
(1) シイタケ廃菌床抽出液の調製法
　廃菌床（森産業株式会社の「しいたけ用種菌 XR-1」を使用）100 g に対し、精製水 1000 mL を加え、さまざまな条件で抽出液を調製し、もっとも脱色率の高い条件を採用することにした。その結果、どの条件でも差が見られなかったので、20秒ミキサーにかけてろ過することにした。
(2) 染料の脱色
　KIT-56 株で脱色できなかった、No.3、No.5、No.7、No.19、RBBR をシイタケ廃菌床抽出液で脱色できるか試してみた。
　方法はシイタケ廃菌床抽出液 4.5 mL、0.1% 染料水溶液 0.5 mL を 30℃で2時間反応させた。その結果、No.3、No.7、RBBR を脱色することができた（図3）。
　これらの脱色できた染料は、すべてアントラキノン系反応染料であったので、シイタケ廃菌床抽出液でアントラキノン系反応染料を脱色することがわかった。
(3) RBBR 脱色に関する諸性質
①最適 pH

図3　アントラキノン系反応染料の脱色状況（各写真左が脱色前、右が脱色後）

ここからはアントラキノン系反応染料として、入手が容易でダイオキシン類の分解判定にも活用されているRBBRを使用して実験を進めることにした。

まずシイタケ廃菌床抽出液での脱色率を高めるため、最適pHを検証した。その方法としては、pH1.8、pH2.2、pH2.6、pH3.0、pH3.4、pH3.8、pH4.2、pH4.6、pH5の2Mクエン酸-1Mリン酸緩衝液を調製し、シイタケ廃菌床抽出液4.0 mL、緩衝液0.5 mL、0.1％染料水溶液0.5 mLを混和し、2時間反応させた。その後、RBBRの最大吸収波長である595 nmの吸光度を吸光光度計（UV-2550　SHIMADZU製）で測定し、脱色率を求めた。脱色率の計算方法は、

脱色率［％］＝100－｛(吸光度－ブランク)／(失活処理の吸光度－ブランク)×100｝とした。

その結果、pH2.6の緩衝液で反応させたサンプルがもっとも脱色率が高かった。しかし24時間の場合にはpH3.0の緩衝液がもっとも脱色率が高かった。そこで私たちは、見た目もあまり変わりはなかったので、pH2.6で2時間反応させる方法を採用することにした（図4）。

②最適温度と温度安定性

最適pHが決まったので次に最適温度を調べることにした。シイタケ廃菌床抽出液4.0 mL、pH2.6緩衝液0.5 mL、0.1％染料水溶液0.5 mLを混和し、5℃、10℃、20℃、30℃、40℃、50℃でそれぞれ2時間反応させて脱色率を求めた。その結果、30℃で2時間反応させたものがもっとも脱色率

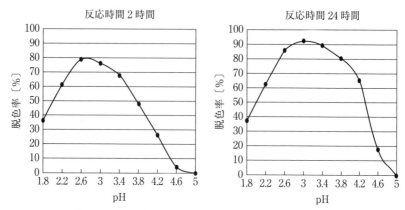

図4 シイタケ廃菌床抽出液脱色酵素の各pHによる脱色率

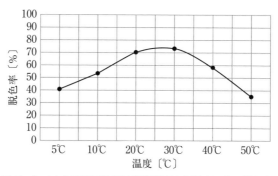

図5 シイタケ廃菌床抽出液脱色酵素の各温度による脱色率

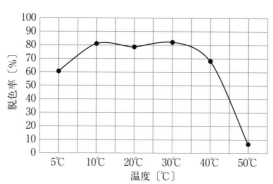

図6 シイタケ廃菌床抽出液脱色酵素の各温度処理によって残存した脱色活性による脱色率

が高かった（**図5**）。

　次に温度安定性を調査した。温度安定性は、残存活性で脱色率を測定して求めた。最適温度の時、同じ反応液を5℃、10℃、20℃、30℃、40℃、50℃にそれぞれ1時間さらし、その後1時間最適温度で反応させ、その後の脱色率を測定した。その結果、**図6**のように10～30℃の間では脱色活性が安定していることがわかった。

③リグニン分解にかかわる酵素の活性測定
1）ラッカーゼ活性測定法

　粗酵素溶液（シイタケ廃菌床抽出液）以外のラッカーゼ活性測定用反応液（2Mクエン酸-1Mリン酸緩衝（pH2.6）0.50 mL、10 mM ABTS（2.2-azino-bis（3-ethylbenzthiazoline-6-sulfonic acid））0.25 mL、H_2O 0.25 mL）を30℃に加温した後、粗酵素溶液4.00 mLを添加し、即座に436 nmの吸光度を測定した。さらに30℃で30分間反応させ、再び吸光度の測定を行った。反応前後の吸光度の差により、一定時間に酸化されたABTSの濃度を求めた。この酸化されたABTS濃度よりラッカーゼ活性を求めた[5]。

【ラッカーゼ活性の計算方法】
ラッカーゼ活性（$\mu mol/mL \cdot min$）= $\{A_{436}/(\varepsilon \cdot t)\} \cdot f$
　　　A_{436} = 反応前後の吸光度差
　　　ε = ABTS酸化物のモル吸光係数（36/mM・cm）[6]
　　　t = 反応時間（min）
　　　f = 粗酵素溶液の希釈率（最終反応液1 mLに対しての値）

2）マンガン非依存性ペルオキシダーゼ活性測定法

　粗酵素溶液以外のマンガン非依存性ペルオキシダーゼ活性測定用反応液（2Mクエン酸-1Mリン酸緩衝液（pH2.6）0.50 mL、10 mM ABTS 0.25 mL、H_2O 0.20 mL、100 mM H_2O_2 0.05 mL）を30℃に加温した後、粗酵素溶液4.00 mLを添加し、即座に436 nmの吸光度を測定した。さらに、30℃で30分間反応させ、再び吸光度の測定を行った。反応前後の吸光度の差により、一定時間に酸化されたABTSの濃度を求めた。この酸化されたABTS濃度よりマンガン非依存性ペルオキシダーゼ活性を求めた[5]。

　この酸化されたABTS濃度の中にはラッカーゼ活性とマンガン非依存性

ペルオキシダーゼが混ざっているので、そこからラッカーゼ活性を差し引くことでマンガン非依存性ペルオキシダーゼ活性が得られることになる。

【マンガン非依存性ペルオキシダーゼ活性の計算方法】

マンガン非依存性ペルオキシダーゼ活性（μmol/mL・min）＝ $\{A_{436}/(\varepsilon \cdot t)\} \cdot f - L$

  A_{436}＝反応前後の吸光度差

   ε＝ABTS酸化物のモル吸光係数（36/mM・cm）

   t＝反応時間（min）

   f＝粗酵素溶液の希釈率（最終反応液1 mLに対しての値）

   L＝ラッカーゼ活性（μmol/mL・min）

3）マンガンペルオキシダーゼ活性測定法

 粗酵素溶液以外のマンガンペルオキシダーゼ活性測定用反応液（2Mクエン酸-1Mリン酸緩衝液（pH2.6）0.50 mL、10 mM ABTS 0.25 mL、25 mM MnSO$_4$ 0.20 mL、100 mM H$_2$O$_2$ 0.05 mL）を30℃に加温した後、粗酵素溶液4.00 mLを添加し、即座に436 nmの吸光度を測定した。さらに、30℃で数分間反応させ、再び吸光度の測定を行った。反応前後の吸光度の差により、一定時間に酸化されたABTSの濃度を求めた。この酸化されたABTS濃度のマンガンペルオキシダーゼ活性を求めた。

 この酸化されたABTS濃度の中にはラッカーゼ活性とマンガン非依存性ペルオキシダーゼとマンガンペルオキシダーゼが混ざっているので、そこからラッカーゼ活性とマンガン非依存性ペルオキシダーゼ活性を差し引くことでマンガンペルオキシダーゼ活性が得られる。

【マンガンペルオキシダーゼ活性の計算方法】

マンガンペルオキシダーゼ活性（μmol/mL・min）＝ $\{A_{436}/(\varepsilon \cdot t)\} \cdot f - (L + M)$

  A_{436}＝反応前後の吸光度差

   ε＝ABTS酸化物のモル吸光係数（36/mM・cm）

   t＝反応時間（min）

   f＝粗酵素溶液の希釈率（最終反応液1 mLに対しての値）

   L＝ラッカーゼ活性（μmol/mL・min）

M = マンガン非依存性ペルオキシダーゼ活性（μmol/mL・min）

4）ベラトリルアルコールオキシダーゼ活性測定法

　粗酵素溶液以外のベラトリルアルコールオキシダーゼ活性測定用反応液（2M クエン酸-1M リン酸緩衝液（pH2.6）0.50 mL、0.2 M veratryl alcohol 0.10 mL、H_2O 0.40 mL）を 30℃に加温した後、粗酵素溶液 4.00 mL を添加し、即座に 310 nm の吸光度を測定した。さらに、30℃で 30 分間反応させ、再び吸光度の測定を行った。反応前後の吸光度の差により、一定時間に酸化された veratryl alcohol（すなわちベラトリルアルデヒド）濃度を求めた。この酸化された veratryl alcohol 濃度によりベラトリルアルコールオキシダーゼ活性を求めた[5]。

【ベラトリルアルコールオキシダーゼ活性の計算方法】

ベラトリルアルコールオキシダーゼ活性（μmol/mL・min）= $\{A_{310}/(\varepsilon \cdot t)\} \cdot f$

　　A_{310} = 反応前後の吸光度差
　　ε = ベラトリルアルデヒドのモル吸光係数（pH4.5 で 9.30/mM・cm）[6]
　　t = 反応時間（min）
　　f = 粗酵素溶液の稀釈率（最終反応液 1 mL に対しての値）

5）リグニンペルオキシダーゼ活性測定法

　粗酵素溶液以外のリグニンペルオキシダーゼ活性測定用反応液（2M クエン酸-1M リン酸緩衝液（pH2.6）0.50 mL、0.2 M veratryl alcohol 0.25 mL、100 mM H_2O_2 0.05 mL、H_2O 0.20 mL）を 30℃に加温した後、粗酵素溶液 4.00 mL を添加し、即座に 310 nm の吸光度を測定した。さらに、30℃で 30 分間反応させ、再び吸光度の測定を行った。反応前後の吸光度の差により、一定時間に酸化された veratryl alcohol の濃度を求めた。この酸化された veratryl alcohol 濃度のベラトリルアルコールオキシダーゼ活性も混ざっているので、この酸化された veratryl alcohol 濃度からベラトリルアルコールオキシダーゼ活性を差し引くことでリグニンペルオキシダーゼ活性を求めた[5]。

【リグニンペルオキシダーゼ活性の計算方法】

表1　酵素活性測定結果

酵素	酵素活性〔U/L〕
ラッカーゼ	6.3
マンガンペルオキシダーゼ	0
リグニンペルオキシダーゼ	0

リグニンペルオキシダーゼ活性 $(\mu mol/mL \cdot min) = \{A_{310}/(\varepsilon \cdot t)\} \cdot f - A$

A_{310} = 反応前後の吸光度差

ε = ベラトリルアルデヒドのモル吸光係数 $(9.30/mM \cdot cm)$

t = 反応時間 (min)

f = 粗酵素溶液の稀釈率(最終反応液1 mLに対しての値)

A = ベラトリルアルコールオキシダーゼ活性 $(\mu mol/mL \cdot min)$

　すべての酵素活性測定の結果、ラッカーゼのみに活性がみられた。このことからアントラキノン系反応染料の脱色には、ラッカーゼが関与している可能性が高まった(**表1**)。

④ラッカーゼ阻害剤による調査

　リグニン分解による酵素活性測定を行った結果、ラッカーゼだけに活性がみられたので、「ラッカーゼが脱色に関係している」可能性が強くなってきた。しかし、ラッカーゼの最適pHと脱色の最適pHがはっきりと一致していないなどの不確定要素も依然として残った。そこで、ラッカーゼの代表的な阻害剤であるL-Cysteinによって脱色活性が阻害できれば、ラッカーゼが脱色しているという決定打になると考え、実験をすることにした。

実験方法

　その①：2Mクエン酸-1Mリン酸緩衝液(pH2.6)で溶かした10 mM L-Cystein 0.5 mL、10 mM ABTS 0.25 mL、H_2O 4.15 mLを入れた試験管にシイタケ廃菌床抽出液0.1 mLを入れ、即座に吸光度を測定⇒30℃で30分反応させ⇒反応後の吸光度を測定⇒ラッカーゼ活性を求める。

　結果は**図7**の左側のグラフのように、L-Cysteinが入っている方はラッカーゼ活性がなかった。

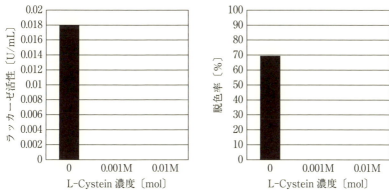

図7 シイタケ廃菌床抽出液のラッカーゼ活性と脱色率のL-Cysteinに対する影響
（左がラッカーゼ活性、右が脱色率）

その②：次に、脱色率を調べてみた。シイタケ廃菌床抽出液3.5 mL、2Mクエン酸-1Mリン酸緩衝液（pH2.6）0.5 mL、H_2O 0.5 mLを入れた試験管、シイタケ廃菌床抽出液3.5 mL、2Mクエン酸-1Mリン酸緩衝液（pH2.6）0.5 mL、10mM L-Cystein 0.5 mLを入れた試験管、シイタケ廃菌床抽出液3.5 mL、2Mクエン酸-1Mリン酸緩衝液（pH2.6）0.5 mL、100 mM L-Cystein 0.5 mLを入れた試験管を用意して⇒染料を入れる前の吸光度を測定し⇒0.1%染料水溶液0.5 mLを入れて即座に吸光度を測定⇒30℃で1時間反応させ⇒反応後の吸光度を測定して脱色率を求める。

結果は図7の右側のように、L-Cysteinが入っている方は脱色しなかった。

このことから、「ラッカーゼがアントラキノン系反応染料の脱色をしている」ことが証明された。

⑤ラッカーゼ阻害剤による調査（市販のラッカーゼ）

シイタケ廃菌床抽出液で染料を脱色させることができたので、ラッカーゼが脱色に関係していることをさらに高めるため、市販のラッカーゼ〔Trametes versicolor（カワラタケ）由来（シグマアルドリッチジャパン製）〕を使ってラッカーゼ阻害剤による調査をした。

実験方法

その①：まず、ラッカーゼ活性を調べてみた。2Mクエン酸-1Mリン酸

緩衝液（pH4.2）0.5 mL、10 mM ABTS 0.25 mL、H_2O 4.2 mL を入れた試験管、2M クエン酸-1M リン酸緩衝液（pH4.2）0.5 mL、10 mM L-Cystein 0.5 mL、10 mM ABTS 0.25 mL、H_2O 3.7 mL を入れた試験管、2M クエン酸-1M リン酸緩衝液（pH4.2）0.5 mL、100 mM L-Cystein 0.5 mL、10 mM ABTS 0.25 mL、H_2O 3.7 mL を入れた試験管を用意⇒紫外可視分光光度計で 0.1〔U/mL〕市販のラッカーゼ 0.05 mL を入れ⇒即座に吸光度を測り⇒30℃で 30 分間反応させ⇒反応後の吸光度を測りラッカーゼ活性を求めた。

結果は図8の左側のグラフのように、反応液に L-Cystein が入っている方はほとんどラッカーゼ活性がなかった。

その②：次に、脱色率を調べてみた。0.1〔U/mL〕市販のラッカーゼ 1.75 mL、2M クエン酸-1M リン酸緩衝液（pH4.2）0.5 mL、H_2O 2.25 mL を入れた試験管、0.1〔U/mL〕市販のラッカーゼ 1.75 mL、2M クエン酸-1M リン酸緩衝液（pH4.2）0.5 mL、10 mM L-Cystein 0.5 mL、H_2O 1.75 mL を入れた試験管、0.1〔U/mL〕市販のラッカーゼ 1.75 mL、2M クエン酸-1M リン酸緩衝液（pH4.2）0.5 mL、100 mM L-Cystein 0.5 mL、H_2O 1.75 mL を入れた試験管を用意し⇒紫外可視分光光度計で染料を入れる前の吸光度を測り⇒0.1% 染料水溶液 0.5 mL を入れて即座に吸光度を測り

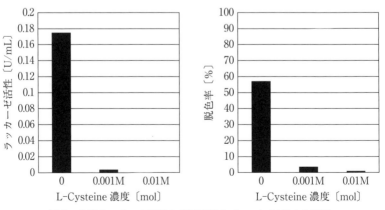

図8　市販ラッカーゼ活性と脱色率の L-Cystein に対する影響
（左がラッカーゼ活性、右が脱色率）

⇒30℃で1時間反応させ、反応後の吸光度を測り脱色率を求めた。
　結果は図8の右側のようにL-Cysteinが入っているは脱色しなかった。
　このように、シイタケ廃菌床抽出液ラッカーゼと市販ラッカーゼとが同じような挙動を示したことにより、ラッカーゼがアントラキノン系反応染料を脱色している裏づけとなった。

⑥その他廃菌床抽出液の諸性質
　シイタケ廃菌床抽出液で染料を脱色することができたので、その他の廃菌床抽出液で脱色することができるか調べてみた。廃菌床抽出液は、キクラゲ、ヒラタケ、ヒマラヤヒラタケを使用した。

|実験方法|
　その①：廃菌床抽出液 4.0 mL、2M クエン酸-1 M リン酸緩衝液（pH2.6）0.5 mL を入れた試験管を用意⇒紫外可視分光光度計で染料を入れる前の吸光度を測り⇒0.1% 染料水溶液 0.5 mL を入れた瞬間の吸光度を測り⇒30℃で2時間反応させ、反応後の吸光度を測り脱色率を求めた。
　その結果、シイタケ廃菌床抽出液以外は染料をほとんど脱色していなかった。

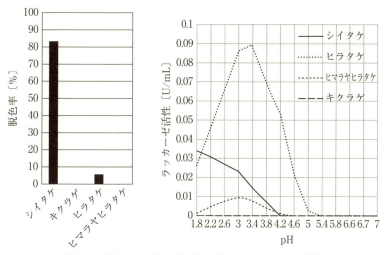

図9　各種キノコ廃菌床抽出液の脱色率とラッカーゼ活性
（左が脱色率、右がラッカーゼ活性）

その②：次に、それぞれのラッカーゼ活性とラッカーゼの最適pHを調べるため、各pHによるラッカーゼ活性を調べた。

pH1.8 ～ pH7.0 の 2M クエン酸-1M リン酸緩衝液をそれぞれ 0.5 mL、10 mM ABTS 0.25 mL、H_2O 0.25 mL を入れた試験管を用意⇒紫外可視分光光度計でシイタケ廃菌床抽出液 4.0 mL を入れ⇒即座に吸光度を測り、30℃で 30 分間反応させ⇒反応後の吸光度を測りラッカーゼ活性を求めた。

その結果、ラッカーゼ活性が一番高いのはヒラタケであった。図9のとおりヒラタケの最適pHとシイタケの最適pHは異なっていた。このことから脱色に関係しているラッカーゼはシイタケに豊富にあり、脱色に関係しないラッカーゼも存在することが予想された。

結果のまとめと考察

今回の研究の結果、シイタケ廃菌床抽出液に含まれるアントラキノン系反応染料の脱色に関係している酵素はラッカーゼであることが判明した。また、数種類のキノコ廃菌床でも脱色に関係しているラッカーゼはシイタケ廃菌床抽出液に多く含まれていることがわかった。そしてそのラッカーゼは、最適pHは2時間でpH2.6、24時間ではpH3.0で、最適温度は30℃であることもわかった。

今回の研究で新たに解明されたことがあった。KIT-56株で脱色できたホルマザン系反応染料をシイタケ廃菌床抽出液で脱色することができた。当初、先輩たちの説はホルマザン系反応染料（No.16、17）を脱色しているのはアゾレダクターゼだというものだったが、シイタケ廃菌床抽出液でも脱色することができたため、「ホルマザン系反応染料を脱色しているのはアゾレダクターゼでもラッカーゼでもない」ということが判明した。

ホルマザン系反応染料を脱色している酵素はKIT-56株とシイタケ廃菌床抽出液に含まれていて、シイタケ廃菌床抽出液の方がより早く脱色することから、その酵素が多く含まれていることが予想された。この酵素の同定も今後のテーマとしていきたい。

今後の課題

　現在、染色工場で広く使用されている廃水処理は、染料の脱色を目的とせず、BOD（Biochemical Oxygen Demand＝生物化学的酸素要求量）やCOD（Chemical Oxygen Demand＝化学的酸素要求量）などを低下させるための活性汚濁法によるものである。現在、愛媛県工業試験センターが開発した「えひめAI」を培養層で培養し、曝気槽で好気的処理をして沈殿槽で汚濁を沈殿しているが、染料の脱色には至っていない。

　そこで、私たちは図10のような染色廃水処理装置を新たに提案した。
　まず、複数に分かれている曝気槽の先頭または中間に静置槽を設置してKIT-56株でアゾ染料を脱色させる。次に、曝気槽でシイタケ廃菌床抽出液を入れてアントラキノン系反応染料を脱色させ、さらに「えひめAI」を入れて有機成分などを完全分解し、BODやCODなどを低下させる。その

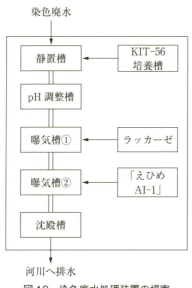

図10　染色廃水処理装置の提案

後、汚濁を沈殿槽で沈殿し、無色化した上澄みを河川に放流するというものである。

　また、キノコの培養は、数カ月という時間を要したり、多くのエネルギーを消費したりする。だが、今回私たちが明らかにしたシイタケ廃菌床のラッカーゼであれば、シイタケ生産のために時間とエネルギーが消費されたとすれば、その時間とエネルギーはないものと考えられる。廃菌床が廃棄される前にラッカーゼを回収すれば、安価なラッカーゼを提供することができる。そうなれば、着色廃水の脱色に貢献するだけでなく、ダイオキシン類で汚染された環境の改善に、シイタケ廃菌床抽出液がその一役を担うことが期待される。この夢のような技術を発展させるため、今後も実験を継続させたい。

【謝　辞】
　最後になりましたが、本研究を実施するにあたり酵素活性測定などを教えていただいた新居浜工業高等専門学校の早瀬教授、研究試料を提供いただいた株式会社大愛の宮部社長をはじめ、御指導・御協力いただいた皆さまに感謝申し上げます。

[参考文献]

1)　『未来の科学者との対話X』、学校法人神奈川大学広報委員会、全国高校生理科・科学論文大賞専門委員会、2012.5.25
2)　特許第5504396号 2014.3.28
3)　本間裕人ら、「日本きのこ学会誌」、Vol.16 (2) pp.93-95,2008
4)　特許第3831784号 2006.7.28
5)　早瀬ら、「新居浜工業高等専門学校紀要」、Vol.49,no,pp.23-28
6)　「富山大学工学部紀要」、47巻、1996、p.126
7)　M.Nagai,etal.Appl Microbiol Biotechnol 2002.60:327-335

受賞のコメント

受賞者のコメント

予想以上にドラマチック

●愛媛県立新居浜工業高等学校　環境化学部

2年　伊藤 夢人　古谷 秀斗

　キノコを使用して染料を脱色できるという報告を知り、シイタケ廃菌床でもできるのではないかと考え実験を開始したが、実際のところ、いとも簡単に脱色できるとは微塵も思っていなかった。そのため、脱色現象を目の当たりにした時は、予想以上にドラマチックで、興奮した。これをきっかけに研究意欲に拍車がかかった。そして、日々の研究と多くの方の協力のおかげで、自分たちが想像していた以上の研究成果を上げることができたことに感謝したい。また、こうして今回このような素晴らしい賞をいただくこともでき大変光栄に思っている。この研究にはまだまだ解決すべき課題がたくさんある。今後は、その課題を克服し、さらにより良いものにしていきたいと考えている。

指導教員のコメント

より良い技術にしていくという流れができた

●愛媛県立新居浜工業高等学校　環境化学部　顧問　井原 進一

　この度は、身に余る評価をしていただいたことに感謝いたしたい。

　本研究は、本校では5年前から始められたテーマであり、3年前の第10回に応募した「細菌による染色廃水の脱色について」では、生徒自身が分離した細菌によって、地場産業廃水を浄化する技術の構築を目的とした。この技術の問題点を一つずつ解決すべく、後輩に引き継がれ、より良い技術にしていくという流れができたことはとても面白い。また、活動の中で科学的知見を得るだけでなく、地場産業の発展と環境保全との間にあるトレードオフな関係といった社会的現実についても直視できた。このことはきっと生徒の成長に有効に働いているだろう。今後は、さまざまな課題を発見し、解決に向けて、行動し続けて欲しい。

未来の科学者へ

論文には、将来の研究の"種"が見られる

　環境部の先輩の優れた研究成果（第10回神奈川大学全国高校生理科・科学論文大賞、努力賞受賞）を引き継ぎ発展させた研究であり、地域の産業（母校のキャリア教育を通して付き合いのあるシイタケ菌床製造会社）の協力で実施された研究であり、高校生のクラブ活動に相応しい研究である。地域の産業廃棄物であるアントラキノン系染料の脱色に、地域の会社の菌床を使用できないか調べる—という研究内容も高校生らしくて良い。また沢山の実験を行っており、努力の跡が見られる。二人でこれだけの量の実験を遂行しデータを解析するのは大変であっただろう。その努力の結果、若き研究者の息遣いが聞こえてくるような、フレッシュな論文が生まれた。環境化学部のみなさんは、きっと楽しい高校生活を送っているのだろう。

　さらに素晴らしいことは、論文には、将来の研究の"種"が見られることである。

　なぜ「シイタケ」なんだろう。ヒラタケでもなく、ヒマラヤヒラタケでもなく、キクラゲでもなく、シイタケがこのラッカーゼを持っているのは、なぜだろう。シイタケよりも活性の高い酵素を持っているキノコは無いのだろうか。シイタケの酵素は、他の菌類の酵素と、何処がちがうのだろうか。

　また、論文では次の可能性が言及されていた。シイタケのラッカーゼにはダイオキシンを分解する活性があるのだろうか。

　これらの研究の"種"は、環境化学部の後輩への素敵なプレゼントになるはずである。先輩から後輩へ、研究を楽しむ心とともに、魅力的な研究課題を継承していただけたなら幸いである。来年も再来年も、環境化学部の論文を読ませていただくことが楽しみである。

（神奈川大学工学部　教授　小野 晶）

[優秀賞論文]

優秀賞論文

天然食品「マヌカハニー」の絶大な抗菌効果
(原題：天然食品の食中毒菌に対する抗菌効果の測定
〜ニュージーランドで見つけたマヌカハニーがもつスゴい抗菌を探る〜)

山村国際高等学校　生物部
3年　小林 聖莉奈

はじめに

　私たち生物部の研究テーマは微生物（真正細菌）を対象として取り組んでいる。2013年の研究[1]『(原題) ペーパーディスクを使用した香辛料の抗菌効果の測定』は、市販されている「本わさび」や「梅肉」など10種類のチューブ入り香辛料（加工抗菌食材）の抗菌効果をペーパーディスク法で測定し、この結果をもとに、これらの序列化を検証した。

　また2012年の研究[2]『(原題) ペーパーディスク法を使用した天然防腐剤の抗菌効果の測定』では、チューブ入り「本わさび」がもつ高い抗菌効果を知り、これが「微生物性食中毒」を回避する最適な加工抗菌食材であると結論づけた。

　今回の研究は、修学旅行に出かけたニュージーランドのお土産屋で偶然見つけた天然食品の「マヌカハニー（抗菌生蜂蜜）」に注目して、抗菌活性成分とされているメチルグリオキサール：MGO® (以下、MGOと記す) を含有するマヌカハニー（蜜源植物はマヌカの花）[3,4,7,8]には、どの程度の抗菌効果が存在するのかを考え（仮説）、MGO含有値が異なる3種類のマヌカハニーの抗菌効果を、食中毒原因菌をマーカーとしたペーパーディ

スク法で測定して、MGO含有値と対比しながら検証を行った。

さらにMOGが、水溶性か揮発性かを証明するために、目視で確認する気体拡散法、気体拡散防止法、気体法の3法[9]と、数式に代入してパラメータの比較によるδ（デルタ）値法[10]の合計4法を比較することで正確な検証を実施し、合わせて加熱の検査も行った。また同時にマヌカハニーを食品添加物（保存剤）として使用する方法も試みた。

1 前回の研究の問題点

前回（2013年）の報告[1]では、神奈川大学の先生方よりいくつかのご指摘をいただいた。それは、

①先行研究（インターネットの「wikipedia」などの英語版）をリサーチする必要性がある。

②高大連携を活用して大学の先生にアタックする。

③マーカーの試験菌株を納豆菌ではなく、大腸菌などの食中毒原因菌にトライする。

というものだった。そこで私たちは、これらの指摘を念頭に置きながら研究を進めることにした。

2 今回の研究の改善点

①では、インターネット（英語版）の「PubMed」を活用して、MGOの先行研究をリサーチした。特にドレスデン工科大学のトーマス・ヘンレ教授の論文により、マヌカハニーの抗菌活性成分がMGOであると知った[11]。またマヌカハニーだけに含まれるMGO産生の起源も知ることができた[11]。さらにマヌカハニーに対するメーカの捉え方も知ることができた[3,4,5,6]。

②では、2014年度から科学技術振興機構（JST）による「中高生の科学部活動振興事業」の支援を受け、女子栄養大学衛生学教室の上田成子教授にアタックしたところ連携を結ぶことができた。さらに研究活動費を得たことから、地方大会にも積極的に参加できるようになった。

③では、同じく女子栄養大学衛生学教室から、食中毒原因菌である黄色ブドウ球菌（*Staphylococcus.aureus*）・セレウス菌（*Bacillus.cereus*）のグラム陽性菌と、大腸菌（*Escherichia.coli*）・腸炎ビブリオ（*Vibrio.parahaemolyticus*）のグラム陰性菌の4種類の食中毒原因菌を譲り受けた。

このため納豆菌ではなく、食中毒原因菌をマーカーとした抗菌効果にトライすることができた。これにより、さらに説得力のある検証成果を報告することが可能になった。

実験方法

1　MGO（Methylglyoxal）

　MGOはセント＝ジェルジ・アルベルト（Szent-Gyorgyi Albert）博士らにより1960年代に研究されているが、これがマヌカハニーの抗菌活性成分であると発表したのは2008年、ドレスデン工科大学の食品科学研究所所長、トーマス・ヘンレ教授である[11],[13]。従来、蜂蜜の抗菌成分は、高い糖度（浸透圧）や過酸化水素（酸化力）、また酸性度（pH＝3.5～4.2）によるものとされていたが、マヌカハニーの抗菌活性成分はMGOであり、この成分が通常の蜂蜜よりも100倍近く含有される[7),8),11)]。

　これは蜜源植物であるマヌカ（ギョリュウバイ：フトモモ科）の花蜜だけがもつジヒドロキシアセトン（前駆物質）を含んだ蜂蜜が、ミツバチの体温で温められた巣房内でMGO（ジアルデヒドであるグリオキサールにメチル基が結合）に変化するのである[12]（図1参照）。したがって、ジヒドロキシアセトンを含まない蜜源植物の蜂蜜ではMGOがほとんど含有されない。このMGOが微生物に対する抗菌効果を発揮するのであるが、そのしくみについてはまだ詳しく解明されていない[3),4),7),8)]。

2　検体のマヌカハニー

　天然食品のマヌカハニーは、ニュージーランドでは十数種類が流通して

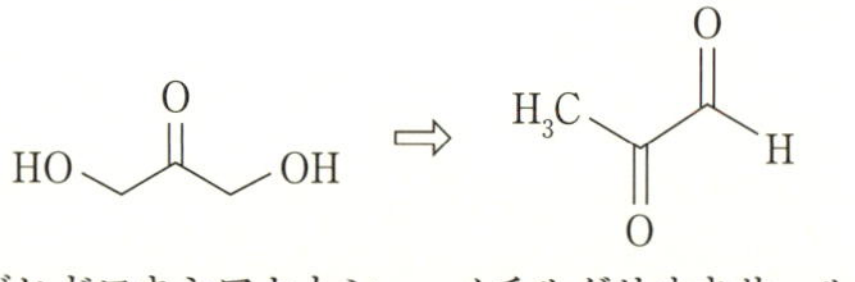

ジヒドロキシアセトン　　メチルグリオキサール

図1　前駆物質からMGO

いる。そして、その抗菌活性値の表記は「MGO」(抗菌活性成分量)、また「UMF」・「Active」(抗菌活性力) 等と、さまざまであるが、今回は世界最強の MGO 含有値を誇る TCN 社[4] の製品と、おしゃれなパッケージが気にいったマヌカヘルス社[5] の製品を使用した (**図2**)。

これらのマヌカハニーは、1 kg 中に含有される MGO 値 (mg) により分類されており、今回は実験区として、MGO 値 250^+〔実験区1〕と 550^+〔実験区2〕のマヌカヘルス社の2製品と、MGO 値では最強クラスである 900^+〔実験区3〕の TCN 社の1製品、合計3製品を使用した。

また対照区としては、同じくニュージーランド産の抗菌活性値の表記がないモソップス社[6] の1製品をノーマルマヌカハニー (**図3**) として加え、合計4検体を検証に使用した。

図2　TCN 社とマヌカヘルス社のマヌカハニー
　　（左から MGO900^+/550^+/250^+）

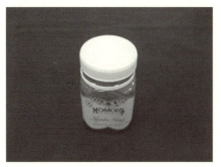

図3　モソップス社のノーマルマヌカハニー

3 マーカーとした試験菌株

マーカーとした試験菌株は、女子栄養大学衛生学教室から譲り受けた4種類の食中毒原因菌を使用した。

内訳は黄色ブドウ球菌（*Staphylococcus.aureus*）、セレウス菌（*Bacillus.cereus*）のグラム陽性菌として2属2菌種の2株と、大腸菌（*Escherichia.coli*）、腸炎ビブリオ（*Vibrio.parahaemolyticus*）のグラム陰性菌として2属2菌種の2株の、合計4属4菌種4株を使用した。これらの試験菌株は、グラム陽性菌やグラム陰性菌として食中毒原因菌の代表であり、天然食品の抗菌効果を計測するには十分であると考えた。

4 抗菌効果の測定法

抗菌効果の測定は、測定値の定量化のために薬剤感受性試験に使われるペーパーディスク（アドバンテック製）を使用し（図4）、生物部の改良したペーパーディスク法（気体拡散法）[1]で実施した。測定の手順は、食中毒原因菌の試験菌株から白金耳を使ってフルブロスの生菌原液を作り、これを希釈法によって濃度を調整した。

次にマイクロピペットで$100\mu L$とり、万能寒天培地（以下、寒天培地と記す）に流し込んでからスプレッダで塗り拡げ、最終的に食中毒原因菌の濃度を10^7 CFU/mLに調整したものを使用した。この寒天培地は、各食中毒原因菌の4試験菌株に対して、それぞれ2枚用意した。そして実験区として、MGO値900^+・550^+・250^+の異なるマヌカハニーを十分浸透させた3枚のペーパーディスクを食中毒原因菌を塗り拡げた寒天培地に、それぞ

図4 ペーパーディスク（アドバンテック製）

れ等間隔（正三角形の形）に置き、36℃で18時間、好気的条件下で培養した。

対照区も、食中毒原因菌を塗り拡げた寒天培地の中央にノーマルマヌカハニーを浸透させたペーパーディスクを置き、実験区と同様に培養した。培養後、食中毒原因菌の増殖を抑制した阻止円の直径を3方向から計測し、最大値（平均）の阻止円を基準（＋＋＋）として、他の検体とを比較した。なお、これらの操作は培養を除き、すべてクリーンベンチで行った。

5 抗菌活性成分の性質検査法

抗菌活性成分MGOの性質が、水溶性であるのか揮発性であるのかを検査するために、まず気体拡散法と気体拡散防止法および気体法の3法[9]を用いて検証した。気体拡散法はいわゆるペーパーディスク法であり、これは抗菌活性成分が揮発性成分と、水溶性成分の両者に有効な検出法である（図5）。

一方、気体拡散防止法とは、抗菌活性成分を浸み込ませたペーパーディスクをカバーリング（アクリルリングを円形に型抜きしたプラスチック板でカバーしたもの）（図6）で覆い、揮発性成分の拡散を防止した方法で、これは水溶性成分に有効な検出法である（図7）。

また気体法は、抗菌活性成分を浸み込ませたペーパーディスクをシャーレのフタ側に置いて（寒天培地をひっくり返した形になる）揮発性の成分の拡散を促す方法で、これは揮発性成分に有効な検出法である（図8）。したがって、これらの性質検査法の原理から、気体拡散法の阻止円範囲を基準として、抗菌活性成分が水溶性成分であれば気体拡散防止法に近い阻止

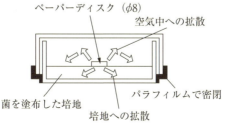

図5　気体拡散法の原理（水溶性成分は培地に拡散して、揮発性成分は空気中に拡散するので、両者に有効な検出法）

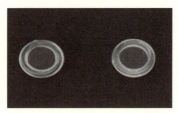

図6　カバーリング（φ15）（アクリルリングを円形のプラスチック板で覆う）

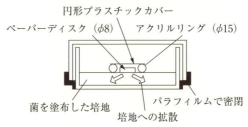

図7　気体拡散防止法の原理（カバーがあるので揮発性成分は空気中に拡散されない。水溶性成分に有効な検出法）

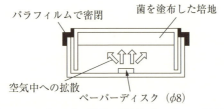

図8　気体法の原理（ペーパーディスクが培地に接触しないので、水溶性成分は拡散されない。揮発性成分に有効な検出法）

円範囲が出現するが、揮発性成分であれば気体法に近い阻止円範囲が出現するので、気体拡散法の阻止円範囲を他の2法の阻止円範囲と比較することにより、水溶性成分か揮発性成分かを容易に目視で判断することができる[9]。

さらに4法目では、目視ではなく、阻止円範囲を数式に代入してパラメータで判断するδ（デルタ）値法[10]も合わせて実施（性質検査①）した。また、この抗菌活性成分の耐熱性についても検証（性質検査②）した。検査方法はペーパーディスク法により、常温と各温度条件下で10分間加熱

（湯煎）したマヌカハニー900⁺の阻止円範囲から判断した（抗菌活性成分が熱に弱ければ阻止円範囲は減少する）。なお阻止円範囲の計測には納豆菌を使用し、出現した阻止円の直径を3方向から測り平均値を求め、これらを判断した。

6　日常生活面での応用（焼菓子の食品添加物（保存剤）として使用）

食品の腐敗や変質を防ぐ（日持ちさせる）には食品添加物（保存剤）の使用が不可欠であるが、合成保存剤によらない天然保存剤としてマヌカハニーの使用を試みた。

検証法は、ホットケーキミックス（森永製菓）をメーカー指定の方法で2枚に焼きあげ、1枚には何も添加せず（プレーン）、もう1枚にはマヌカハニー900⁺をシロップのように添加（20 g）して（マヌカ塗）、両者の増殖コロニー数を時系列で観察（保存条件は常温）した。実験結果の増殖コロニー数から、保存可能な日数が割り出せると判断した。なお増殖コロニー数は希釈法にしたがいCFU/gで比較した。

結果および考察

1　マヌカハニーのMGO値と食中毒原因菌に対する抗菌効果

マヌカハニーの抗菌効果の結果は、**表1**に示した。この結果より、食中毒原因菌の試験菌株に対して抗菌効果の証拠となる増殖阻止円は、MGOを含有するすべてのマヌカハニーで確認された。中でも、この食中毒原因菌の増殖抑制に優れていたのが〔実験区③〕のMGO900⁺で、すべての試験菌株に対して顕著な増殖阻止円（＋＋＋）を形成し、非常に高い抗菌効果を認めた（表1、図9～図12参照）。さすがにMGO最高含有値を誇るマヌカハニーである。

次の〔実験区②〕のMGO550⁺でも、特にセレウス菌に対しては顕著な増殖阻止円（＋＋＋）を形成し、非常に高い抗菌効果を認めた。他の食中毒原因菌でも増殖を抑制した阻止円（＋＋）を形成するなど、高い抗菌効果を認めた（表1、図9～図12参照）。

表1 マヌカハニーのMGO値と食中毒原因菌に対する抗菌効果

食中毒原因菌 (試験菌株)	対照区 ノーマルハニー	実験区① MGO250$^+$	実験区② MGO550$^+$	実験区③ MGO900$^+$
黄色ブドウ球菌（グラム陽性菌） (S.aureus)	－	±	＋＋	＋＋＋
セレウス菌（グラム陽性菌） (B.cereus)	±	＋	＋＋＋	＋＋＋
大腸菌（グラム陰性菌） (E.coli)	±	＋	＋＋	＋＋＋
腸炎ビブリオ（グラム陰性菌） (V.parahaemolyticus)	±	＋	＋＋	＋＋＋

＋＋＋：抑制顕著　＋＋：抑制　＋：やや抑制　±：抑制軽微　－：抑制なし

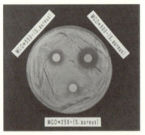

図9　黄色ブドウ球菌（グラム陽性菌）
右上900$^+$（＋＋＋）、左上550$^+$（＋＋）、下250$^+$（±）

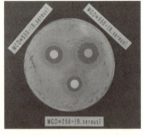

図10　セレウス菌（グラム陽性菌）
右上900$^+$（＋＋＋）、左上550$^+$（＋＋）、下250$^+$（＋）

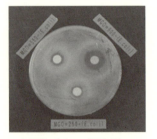

図11　大腸菌（グラム陰性菌）
右上900$^+$（＋＋＋）、左上550$^+$（＋＋）、下250$^+$（＋）

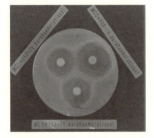

図12　腸炎ビブリオ（グラム陰性菌）
右上900$^+$（＋＋＋）、左上550$^+$（＋＋）、下250$^+$（＋）

次の〔実験区①〕のMGO250⁺では、黄色ブドウ球菌に対しては軽微な増殖阻止円（±）であったが、他の食中毒原因菌の増殖にはやや抑制の阻止円（+）を形成して、一応抗菌効果を認めた（表1、図9～図12参照）。
　一方、対照区のノーマルマヌカハニーは、黄色ブドウ球菌に対しては増殖阻止円（−）がまったくなく、それ以外の食中毒原因菌では軽微な増殖阻止円（±）であった。したがって、抗菌効果をほとんど認めることができなかった（表1、図13～図16参照）。
　以上の結果より、MGO含有値と抗菌効果には関係があり、マヌカハニーにはMGOによる高い抗菌効果が存在すると考察した。またアドバイザーである女子栄養大学の上田成子教授からも、「食中毒原因菌の試験菌株であるグラム陽性菌と陰性菌の両方に抗菌力が存在することは、抗菌スペクトルが広く、MGOは抗菌物質として大変有効である」とのコメントをいただいた。

図13　黄色ブドウ球菌（グラム陽性菌）
ノーマルマヌカハニー（−）

図14　セレウス菌（グラム陽性菌）
ノーマルマヌカハニー（±）

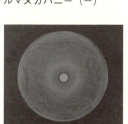

図15　大腸菌（グラム陰性菌）
ノーマルマヌカハニー（±）

図16　腸炎ビブリオ（グラム陰性菌）
ノーマルマヌカハニー（±）

2 抗菌活性成分 MGO の性質検査①

抗菌活性成分 MGO の性質（水溶性か揮発性）検査①の結果は、**表2**に示した。この結果より、気体拡散法（ペーパーディスク法）による阻止円範囲は 22 mm であり（表2、**図 17** 参照）、これを基準とすれば、気体拡散防止法による阻止円範囲は 21 mm と（表2、**図 18** 参照）、気体拡散法に近く、一方気体法による阻止円範囲は 9 mm と小さかった（表2、**図 19** 参照）。したがって目視による阻止円範囲から、マヌカハニーの抗菌活性成分 MGO の性質は水溶性であると考察した。さらに4法目のδ（デルタ）値法[10]からも、δ値を求めると 14.3 となり、基準のパラメータ（0〜30の範

表2　抗菌活性成分 MGO の性質（水溶性・揮発性）検査①

検出検査法	阻止円範囲[※5]	δ値	抗菌活性成分の性質
気体拡散法[※1]	22 mm		水溶性と揮発性（基準）
気体拡散防止法[※2]	21 mm		水 溶 性（○）
気 体 法[※3]	9 mm		揮 発 性（×）
δ（デルタ）値法[※4]		14.3	水 溶 性（○）

[※1]：抗菌成分が、水溶性と揮発性に有効な検出検査法（ペーパーディスク法）
[※2]：抗菌成分が、水溶性に有効な検出検査法
[※3]：抗菌成分が、揮発性に有効な検査検出法
[※4]：δ値＝｜１－（気体拡散防止法の阻止円範囲－リング直径）／（気体拡散法の阻止円範囲－リング直径）｜×100 を求め、下のパラメーターより判断
　　（0〜30：水溶性成分　31〜69：揮発性と水溶性成分　70〜100：揮発性成分）
[※5]：試験菌株は納豆菌を使用

図17　気体拡散法
〔水溶性と揮発性に有効な方法（阻止円範囲は 22 mm）〕

図18　気体拡散防止法
〔水溶性に有効な方法（中央にカバーリングを置く、阻止円範囲は 21 mm）〕

図19　気体法
〔揮発性に有効な方法（阻止円範囲は 9 mm）〕

＊図17の気体拡散法の阻止円範囲（基準）に近いのは、図18の気体拡散防止法である。したがって、マヌカハニーの抗菌性成分 MGO は「水溶性である」と判断できる。

囲は水溶性成分）より、マヌカハニーの抗菌活性 MGO の性質は水溶性であると判断した。

3　抗菌活性成分 MGO の性質検査②

抗菌活性成分 MGO の性質（加熱）検査②の結果は、**表3** に示した。この結果より、常温保存のマヌカハニーの阻止円範囲の 25 mm を変化率の基準 1.00 として、湯煎による各温度条件で加熱したマヌカハニーの阻止円変化率をそれぞれ比較すると、加熱に伴う影響がうかがえる。それは、60℃加熱のマヌカハニーでは 0.92、80℃加熱のマヌカハニーでは 0.80 と、徐々に加熱に伴う阻止円変化率の減少が観察できる。

最後の 100℃加熱のマヌカハニーにいたっては、常温と比較して 0.56 と、阻止円変化率の大幅な減少が観察できた。すなわち加熱による影響が抗菌活性成分 MGO に現れ、抗菌効果が減少したと考察できる（表3、**図20** 参照）。したがって、この阻止円変化率の比較から、マヌカハニーに含有される抗菌活性成分 MGO の性質は加熱に弱いと判断した。

4　マヌカハニー MGO900$^+$ によるホットケーキへの抗菌作用

最後の **表4** は、すべての食中毒原因菌に対して非常に高い抗菌効果をもつ MGO900$^+$ をホットケーキの食品添加物（保存剤）として使用し、無添加のものと常温保存の状態で細菌コロニー数の増殖を観察（CFU/g は希釈法による）したものである。

この結果から、マヌカハニー MGO900$^+$ をシロップのように添加（20 g）すれば（マヌカ塗）、調理後 2 日間は常温保存が可能であると考察した。メーカーの注意書きには、『すぐに消費しない場合は冷凍保存』とあったが、男子部員による「決死の官能検査（先輩の検査法を実行）」[14] でも腹痛など

表3　抗菌活性成分 MGO の性質（加熱）検査②

	常温	60℃ [※1]	80℃ [※1]	100℃ [※1]
気体拡散法による阻止円範囲 [※2]	25 mm	23 mm	20 mm	14 mm
加熱による阻止円変化率 [※3]	1.00	0.92	0.80	0.56

※^{1}：加熱は湯煎（各温度条件で 10 分間）
※^{2}：試験菌株は納豆菌を使用
※^{3}：阻止円変化率：常温の阻止円範囲（25 mm）を基準（1.00）として比較

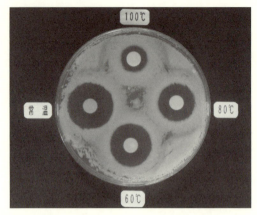

図20 マヌカハニーの性質検査（加熱）

常温での阻止円範囲は 25 mm、100℃湯前加熱での阻止円範囲は 14 mm。
＊100℃湯前加熱の阻止円範囲/常温の阻止円範囲＝0.56（阻止円変化率、常温は 1.00）。したがって、マヌカハニーの抗菌活性成分 MGO は「加熱（100℃）に弱い」と判断できる。

表4　マヌカハニー MGO900⁺によるホットケーキへの抗菌作用

	常温[※1]保存2日目	常温保存4日目[※3]
マヌカハニー無添加	1.3×10^5 CFU／g[※2]	2.8×10^7 CFU／g
マヌカハニー添加（20 g）	0 CFU／g	1.5×10^5 CFU／g

※1：生物実験室のテーブルに放置（約22℃～25℃）
※2：CFU／g：(Colony Forming Unit) ホットケーキ1g中の生菌の総数
※3：4日目は、マヌカハニー無添加のホットケーキにカビが発生

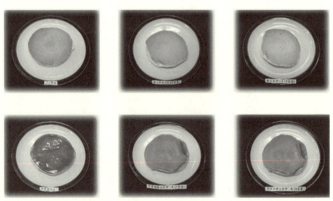

図21　上段：ホットケーキ（プレーン）左＝0日目、中＝2日目、右＝4日目（カビ有）
　　　下段：ホットケーキ（マヌカ塗）左＝0日目、中＝2日目、右＝4日目（カビ無）

の急性期な健康障害はまったくなかった。これは化学合成の食品添加物に頼らない、天然食品のマヌカハニーによる食品の保存法であると提案する（表4、図21参照）。

結　論

　〔実験区③〕の抗菌活性成分値が最大級のMGO900$^+$では、すべての食中毒原因菌の試験菌株に対して非常に高い抗菌効果（＋＋＋）を認めることができた。また〔実験区②〕のMGO550$^+$でも、セレウス菌に対しては非常に高い抗菌効果（＋＋＋）を認め、それ以外の食中毒原因菌に対しても高い抗菌効果（＋＋）を認めることができた。〔実験区①〕のMGO250$^+$では、黄色ブドウ球菌は軽微な抗菌効果（±）であったが、それ以外の食中毒原因菌に対しては増殖抑制がやや低下したものの、抗菌効果（＋）を認めることができた。

　一方、対照区のノーマルマヌカハニーは、食中毒原因菌の試験菌株に対しては軽微な抗菌効果（±）を認めたが、黄色ブドウ球菌に対してはまったく抗菌効果（－）を認めることができなかった。したがって、抗菌活性成分MGO含有値と抗菌効果には関係があり、抗菌物質として有効であると結論した。さらにマヌカハニーの抗菌活性成分MGOの性質は、納豆菌を試験菌株とした気体拡散防止法の阻止円範囲、およびδ値法のパラメータから判断して水溶性であり、また湯煎（60℃・80℃・100℃それぞれ10分間）による阻止円範囲から判断して、加熱に弱い性質であると結論した。

　最後にマヌカハニーの高い抗菌効果を食品添加物（保存剤）としてとらえ、焼菓子にシロップのように添加（20ｇ）すれば（マヌカ塗）、常温放置でも2日間の消費期限の延長が図れると結論した。

今後の展望と課題

　天然食品であるマヌカハニーの研究により、抗菌活性成分MGOによる食中毒原因菌に対する抗菌効果や、その性質を調べることができた。私たちに一番身近な「食」を通した微生物の研究は奥が深く、今後もさらに続けていきたいと考えている。

　ところで今一番気になっているのが、マヌカハニーをシロップとして使う方法以外に、水溶性であることから食材に溶かして（熱に弱いので強い加熱を伴わない調理）使用し、食品の消費期限の延長を図るなど、環境に優しい食品添加物（保存剤）としての利用を考えている。また、このマヌカハニーを機能性食品としてとらえ、実験動物に投与し腸内フローラを構成する「悪玉菌」の減少の可能性を考えている。すなわち抗菌活性成分MGOを含有する優れたマヌカハニーの実用面・健康面での応用である。

【謝　辞】

　今回、試験菌株の提供およびご教授をいただいた女子栄養大学衛生学教室の上田成子教授に感謝の意を表します。また、終始ご指導をいただいた山村国際高等学校生物部顧問の天野誉先生には感謝いたします。なお本研究は、独立行政法人科学技術振興機構（JST）による「中高生の科学部活動振興事業」に採択され支援を受けています。この場を借りて感謝を申し上げます。

［参考文献］

1) 「ペーパーディスクを使用した香辛料の抗菌効果の測定」、第12回神奈川大学全国高校生理科・科学論文大賞（神奈川大学）、山村国際高等学校生物部、2013
2) 「ペーパーディスク法を使用した天然防腐剤の抗菌効果の測定」、第4回坊っちゃん科学賞（東京理科大学理窓会）、山村国際高等学校生物部、2012
3) ストロングマヌカハニー：tcn.co.jp

4) Manuka Honey：Strongmanukahoney.co.nz
5) ManukaHealth New Zealand Ltd：manukahealth.co.nz
6) Manuka Honey：mossopshoney.co.nz
7) 城文子著、中野正人監修、『マヌカハニーの秘密』、アイシーメディックス、2012
8) 藤巻弘太郎、八木麻由美著、寺尾啓二監修、『オーラルケアで手に入れる美と健康―マヌカハニーの秘密2』、アイシーメディックス、2013
9) 石島早苗、安部茂著、「安全で簡易な抗真菌活性の測定法マニュアル」、Medical Mycology Research Vol.3 No.1,2012
10) 井上重治、安部茂著、『抗菌アロマテラピーへの招待』、フレグランスジャーナル社、2011
11) Mol Nutr Food Res.52（4）483-9（2008）：ncbi.nlm.nih.gov/pubmed
12) Carbohydr Res.344（8）1050-3（2009）：ncbi.nlm.nih.gov/pubmed
13) Cancerostatic Action of Methylglyoxal. science.160（3832）1140（1968）：ncbi.nlm.nih.gov/pubmed
14) 「細菌の増殖から見た安心して食べられる惣菜の加熱温度について」、第2回坊っちゃん科学賞（東京理科大学理窓会）、山村国際高等学校生物部、2010

受賞のコメント

受賞者のコメント

アイデンティティを確立できた
●山村国際高等学校　生物部
　3年　小林 聖莉奈

　2年連続の「優秀賞」は大変嬉しい。一方、私で良かったのかと思いがよぎる。それは進学の勉強に追われ、本領を発揮できなかったからだ。どんな条件下でも研究には万全の態勢で臨み、少しでも努力を怠ってはならないと思っている。しかし生物部での2年間の活動で、自分と向き合いアイデンティティを確立することができた。しかも事物を見出す探求の楽しさや、ポスター・口頭発表を通したパフォーマンスなど多くのことを学び得た。これは私自身の人生の糧となる私だけの宝物だ。この生物部で得た糧を基に、慶應大学SFCでは以前から興味のあった再生医療の研究に励み人々の役に立ちたい。最後に後輩の皆、そして天野先生、本当にありがとうございました。

指導教員のコメント

初心を忘れずに
●山村国際高等学校　生物部　顧問　天野 譽

　昨年に引き続き、二度目の「優秀賞」の受賞である。驚いたのと同時に、大変嬉しくも思った。小林さんの研究に対する評価である。生物部では抗菌の研究を行っているが、毎年頭を悩ますのが新しい抗菌材料である。今回の材料は、小林さんが修学旅行で見つけてきたマヌカ蜂蜜である。顧問としては、「蜂蜜には強い抗菌効果は存在し得ない」と思っていたので、研究対象としては全く考えていなかった。ところが小林さんは見事に抗菌の結果をだし、論文投稿やポスター発表につないだのだ。小林さんの研究に対する真摯な態度や先見性は見事である。しかも成果を基に慶應大学SFCへの進学をも果たした。今後も初心を忘れずに未来を担う科学者として立派に成長して欲しい。

● 優秀賞論文

未来の科学者へ

著者自身の姿が良く見えるのが佳所

　理科・科学論文大賞の審査では、どこを評価すればよいのかいつも悩む。「論文」と名乗るからにはやはり学界における新知見を含まねばならないが、普通の高校生が会得できる理科の知識や実験技術には限りがある。前線の研究者の目から見ればどうしたって粗の目立つ論文にならざるを得ない。だからと言って専門家の指導に頼り過ぎると、個性を欠いた仕上がりになる。

　本論文は「粗の目立つ」タイプの方である。しかし私は迷わず推すことができた。何より著者自身の姿が良く見えるのが佳所である。旅先で手にした抗菌食品に興味を持つところから話が起こり、その効果を調べ、成分の化学的特性を調べ、食品に応用するまで、一貫した物語がある。個々の実験の関連や動機付けが明確で、結論に向って完結した一つの研究となっている点を評価したい。もちろん厳密に科学的に見れば論理に難がある。たとえば抗菌作用そのものを調べたいのか、食品を調べたいのかは曖昧だ。一部の実験で食品を用いて含有抗菌成分の特性を調べているが、こういう実験は精製標品を化学的手法で分析するのが本来である。しかしながら、自分の興味に正直に、手近な装置を用いて実験した結果と捉えて、これらもむしろ肯定的に評価したい。

　論文の記述はどちらかと言えば短めで、余計なことは書かないでいて、必要な事を書き洩らしていない。巧い。ただ、「結果および考察」という項目立ては速報などに用いる略式なので、応募作としてはやはり正規の書式に則って欲しかった。

　ともあれ、受賞者が今後さらに勉学を重ねてすばらしい科学者へと成長してくれる事を願ってやまない。また、同校から毎年優れた「未来の科学者」を輩出している指導の先生へ敬意を表して、拙文の終わりとする。

（神奈川大学理学部　教授　小谷 享）

優秀賞論文

闘竜灘はなぜ加古川を氾濫させたのか
（原題：本校が立地する兵庫県中部～南部地域の基盤岩の形成過程
―兵庫県中部～南部に広く分布する流紋岩質凝灰岩に着目して―）

兵庫県立西脇高等学校　地学部マグマ班
２年　吉良 洋美　市部 秀司　金井 弘祐　廣田 稜　水田 淳
１年　臼井 滉平　木村 百花　田中 愛子
西村 さつき　藤本 未来　北條 健太

はじめに～研究の動機と目的

　本校は兵庫県中部の西脇市（日本の「へそ」とも呼ばれている）に位置し、四方を標高 300 ～ 400 m 程度の山に囲まれている（調査を行った最高峰は西脇市黒田庄町の西光寺山 712 m）。市内を南北に加古川が流れる自然豊かな環境である。
　加古川は丹波市の粟鹿山（標高 962 m）を源にし、上流の山地部に位置する西脇市から、加古川市～高砂市の平地部に流れ下り、瀬戸内海播磨灘に至る全長 96 km の 1 級河川である。
　本校周辺地域は、毎年加古川の水害に悩まされ続けている。特に平成16年の台風23号は秋雨前線の発達と重なり、市域を流れる加古川や野間川が氾濫し、また西脇市で加古川に合流する杉原川では加古川の洪水が逆流した。野間川と杉原川が合流する地点では水位が異常に上昇し、各地で堤防が決壊したほか、闘竜灘が自然堤防となって溢れた水が 500 ヘクタール以上の浸水被害をもたらし（神田、2005）、西脇市は死者 1 名、負傷者 3 名、床上および床下浸水 1401 戸という甚大な洪水被害を受けた。そのため、「1

級河川加古川河川激甚災害対策特別緊急事業」の取り組みが平成16年から開始され、現在は河川の護岸および掘削工事がほとんど完了している。

　西脇市を中心とする北播（ほくばん）地域でもっとも知られた景勝地である闘竜灘は、その地形的特徴によって洪水被害の原因の1つとされている。台風23号の際には、私たちの中にも実際に浸水被害を受けた者がいる。そこで、本年度新たに地学部を立ち上げて、

　①自らが被災した洪水の原因とされる闘竜灘が形成された過程を岩石相互の関係から明らかにし、さらに形成過程を解明することを目的に研究を行った。

　②その後、闘竜灘が兵庫県の地質の中でどのように位置づけられるのかを調べるために、地域ごとに作成されている隣接する4枚の地質図（北条（ほうじょう）・三田（さんだ）・生野（いくの）・篠山（ささやま））を並べてみた。すると、水平方向に岩石の対比がなされていないため地層境界線がつながらず、また隣接する地質図の境界部の岩石名も異なっていることがわかった。

　③そこで、調査地域を西脇市全域（出版されている地域地質研究報告の4区分／東西20 km×南北18 km）に広げ、市内全域に分布する岩石相互の関係を明らかにし、詳細な地質図を作成することにした。

　④さらに、凝灰岩の岩相が南に向かってどのように変化するかを確認するために、西脇市内で得られた試料に加えて、西脇市から南へ、加西市（かさいし）、三木市（みきし）、加古川市、高砂市（たかさごし）をへて瀬戸内海まで、35 kmにわたって凝灰岩を追跡し、採取した試料合計94個すべての薄片を作成し、偏光顕微鏡で1つひとつ丁寧に観察した。

　⑤さらに、凝灰岩を対比するために鉱物のモード組成や帯磁率の測定も行った。

　これは、兵庫県中部〜南部の形成史を統一的に考察する基礎研究である。

闘竜灘の岩石と地質構造

　加古川の流れに突然あらわれる闘竜灘の岩石は、加古川の激流を阻み、

図1　闘竜灘全景（加古川上流側から下流側を見る／中央の水路は人工的に掘られたもの）

　その流れが巨竜の躍動のようだとして名づけられた（図1）。加古川の舟運は 1594 年（文禄 3 年）に始まったとされている。当時豪農であった阿江与助らは滝から高砂までの川底を浚渫し、さらに 1604 年（慶長 9 年）には滝上流の開発が完了し、加古川の水運を利用して高瀬舟が物資を運んだ。滝の闘竜灘は、硬い岩盤によって加古川の流れを堰き止めるため、その中継地として栄えたといわれている。この自然のダムのために、近年でも水害に悩まされ続けており、人工的に水流を逃がす工事も行われているが、2004 年（平成 16 年）には死者を出す大災害の一因となった。

1　闘竜灘の形成層

　闘竜灘は、流紋岩質凝灰岩に硬質な石英安山岩が貫入して形成されており（図2）、全体に 60 度程度南西方向に傾斜している。石英安山岩は凝灰岩に比べて硬質で、浸食されずに残っている。

　凝灰岩の多くは一般に、数 mm ～最大 50 cm の黒色泥岩の岩片や数 mm ～ 2 cm の流紋岩の岩片を含む火山礫凝灰岩である。これらは強溶結しており、岩片は一定方向に長く引き伸ばされている（図3）。凝灰岩には、数 mm の軽石や長石の斑晶が目立ち、5 ～ 50 mm 幅の層状構造が顕著である。

2　加古川の流れを堰き止める原因

　この凝灰岩に石英安山岩のマグマが貫入し、闘竜灘の多くの部分を占めている。凝灰岩も石英安山岩も層状の構造をもち、さらに凝灰岩が強溶結しているため、肉眼による両者の区別は非常に難しい。多くの部分は凝灰岩の層状構造面に調和的だが、ときには凝灰岩層を切るように石英安山岩マグマが貫入しているようすが観察できる（図4）。

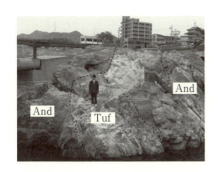

図2　闘竜灘をつくる岩石の関係（Tuf：流紋岩質凝灰岩／And：石英安山岩の貫入）

図3　凝灰岩に取り込まれた黒色泥岩片や火山礫（140426-5 地点　20 cm）

　この地点における凝灰岩の流理構造の走向傾斜は N64°E58°SE であり（図5）、これに対して石英安山岩マグマは EW86°S で貫入している。石英安山岩には、冷却時におけるマグマの流動を示す1mm幅の流理構造が水平方向に明瞭に見られる（図6）。これらは、凝灰岩の堆積後南西方向に傾斜し、その後に石英安山岩マグマが貫入して以降、大規模な地殻変動がないことを示している。

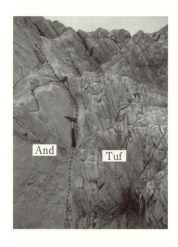
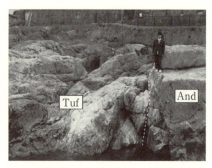

図4 凝灰岩に調和的に貫入する石英安山岩（左／試料140426-5地点）と、凝灰岩を切るように貫入する石英安山岩（右／140422-3地点）（Tuf：流紋岩質凝灰岩／And：石英安山岩の貫入）

図5 南西に傾斜する凝灰岩（試料140422-4地点）

図6 石英安山岩溶岩の流理構造（試料140426-4地点）

　加古川の流れに沿って逆断層（図7、図8）が見られる。凝灰岩の流理構造に対して断層面はN38°W42°NEで、断層面の北東側（上盤側）に広く分布する硬質の石英安山岩が南西側に乗り上げている（図9）。これらの地質構造が加古川の流れを堰き止める原因となっている。

図7 闘竜灘の逆断層（140426-5地点／左：南西から上流側を見る／右：西から東を見る／Tuf：流紋岩質凝灰岩／And：石英安山岩／矢印は上盤側が相対的に動いた方向を示す）

図8 闘竜灘の逆断層（140426-4地点／左：北西から下流側を見る／右：北東から下流側を見る／矢印は上盤側が相対的に動いた方向を示す）

図9 闘竜灘の構造（Google Earthに加筆／黒破線：凝灰岩と石英安山岩の境界部／白破線：逆断層）

西脇市の形成過程を解明する研究

1　兵庫県の地質構造における闘竜灘の位置づけ

　闘竜灘の地質構造を明らかにした私たちは、次に兵庫県の地質構造における闘竜灘の位置づけを知ろうと考え、先行研究の文献調査を行った。西脇市付近に分布する流紋岩質凝灰岩は、8000～7000万年前の白亜紀後期の火山活動によって堆積したものである。これまで北摂～播磨地域に分布する白亜紀後期の火山岩類は、その分布地域によって、有馬層群鴨川層（三田市北部～西脇市、北条～高砂地域を中心に分布／尾崎・松浦、1988命名／栗本ほか、1993／尾崎ほか、1995）や、生野層群下部累層（生野地域を中心に分布／兵庫県、1961命名／吉川ほか、2005）、などと呼ばれているが、研究者でも地層の横の広がりを対比させることは難しかったようである。隣接する地域地質研究報告の地質図（北条・三田・生野・篠山）を並べてみても、調査された時期や研究者が異なると地層の判断が異なり、その結果、隣接する地質図の地層境界線が水平方向につながらず、またその境界部の岩石名もまちまちであった。

2　諸説飛び交う闘竜灘のルーツ

　闘竜灘に見られる流紋岩質凝灰岩についても、有馬層群鴨川層のものだという説（橋元、1999）と、それよりも古い生野層群下部累層のものだという説（兵庫県、1998）があり、研究が遅れていて、現在でも統一された研究成果は発表されていない。そもそも有馬層群鴨川層と生野層群下部累層は同時代の地層であるとして、鴨川層を生野層群に含めてしまう報告（吉田、2009）もある（**図10、図11**）。両者のK-Ar年代は67～71 MAとほぼ同じであり、また、岩片を含む溶結凝灰岩や軽石凝灰岩からなり、流紋岩溶岩や厚い水底堆積物も見られるなど、岩石組織も共通点が多い（Kasama and Yoshida、1976／弘原海、1984）。

　さらに、尾崎・原山（2003）は、有馬層群と生野層群の流紋岩質凝灰岩類を宝殿層（尾崎・原山、2003）にまとめてしまい、新たに宝殿層と再定

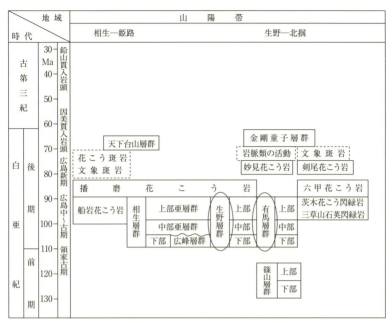

図10　有馬層群と生野層群の関係（吉田、2009に加筆）

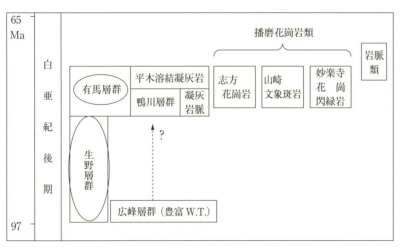

図11　有馬層群と生野層群の関係（尾崎・栗本・原山（1995）に吉川ほか（2005）を加筆）

義している（吉田、2009）。

このように、近年は、いずれも白亜紀後期の狭い時代の一連の火山活動であることから、どちらに区分されるかや時代の新旧は大きな問題ではなく、細かい分類は無意味であるとして、これらを次々と大きな単位にまとめようとする傾向にある。

3　層序を明らかにする取り組み

しかし、兵庫県中部～南部の地史を明らかにするためには、少なくともこれらの地層を明確に対比する必要がある。私たちが西脇市を中心とした広範囲にわたる予備的な地質調査を行った結果、詳細な絶対時代を決定することは困難であっても、層序を明らかにすることは可能であると考えた。そこで、調査地域を西脇市全域に拡大し、東西20 km×南北18 kmにおよぶ広範囲の詳細な露頭調査を行うとともに、得られた岩石試料のモード組成や、帯磁率測定結果をあわせて検討することにした。さらに凝灰岩を兵庫県南部の瀬戸内海に向かって、加西市、三木市、加古川市、高砂市まで35 kmにわたって追跡することによって、岩石相互の関係を明らかにし、兵庫県南部全域の地史を再構成することを目的にして、さらに研究を進めることにした。

市内のいたるところに、地元の凝灰岩を用いて作られた石垣や道標が見られ、凝灰岩が生活と密着していることをうかがわせる（図12）。洪水被害を契機に始められた護岸および掘削工事が進んでいるため、河川床の露

図12　凝灰岩を用いて作られた石垣や道標（闘竜灘付近）

頭の多くが失われているが、発見し得るすべての露頭を記載し、可能な限り試料を採取した（図13）。岩石試料の特徴を表1にまとめて記す。

4　地質調査と岩石記載

　本調査地域には、流紋岩質凝灰岩が広く分布する。凝灰岩には、軽石が目立つ軽石凝灰岩や火山礫凝灰岩が溶結した凝灰岩があり、これらは不規則に入り組んで分布するため、従来ひとくくりにされてきていた。今回、私たちの詳細な露頭調査の結果、それぞれの岩石の相互関係を明らかにすることができた。凝灰岩は場所によって、溶結の程度や斑晶の大きさと割合、黒色泥岩の有無などが異なり、さまざまに岩相を変える。私たちが作成した地質図を図14に示す。

　流紋岩質凝灰岩は、全体に南西に傾斜している（図15）。凝灰岩には、2～50 mmの同質岩片や緑色に変質した軽石、黒色泥岩片、長石や石英の

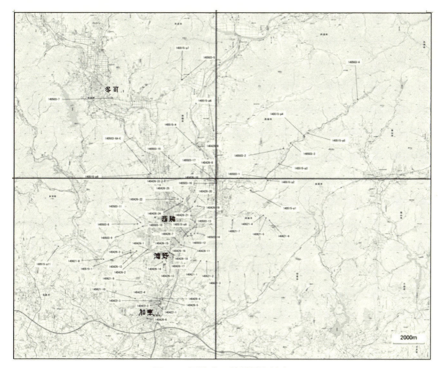

図13　西脇市の試料採取地点

表1 岩石試料の特徴

1. 西脇市の岩石試料

試料番号		岩 相	特 徴	帯磁率 (SI×10⁻⁵)
140422	1	流紋岩質ガラス質結晶凝灰岩（軽石凝灰岩）	岩片はほとんどなく、あっても5 mm以下。軽石を含む。風化が進行し、全体に灰白色〜淡赤色化している。	0.0
	2	流紋岩質強溶結凝灰岩（火山礫凝灰岩）	淡青色の流紋岩質凝灰岩。数mm〜1 cmの同質岩片や数mmの黒色泥岩の岩片を多く含む。淡緑色のガラスがときに数cmに達することもある。岩片は角礫。	0.1
	3	流紋岩質ガラス質結晶凝灰岩（軽石凝灰岩）と石英安山岩溶岩の接触部	数mmの同質岩片や軽石を多く含む流紋岩質凝灰岩が流紋岩質〜石英安山岩質自破砕溶岩とN70E86Sで接する。凝灰岩は風化によって全体に淡黄色化している。	0.1
	4	石英安山岩溶岩	青緑色。数mm程度の軽石や長石が一方向に引き伸ばされる流理構造が顕著。特徴的な緑色をしている。	0.0
140426	1	流紋岩質強溶結凝灰岩	淡黄色の流紋岩質凝灰岩。数mm〜数cmの岩片や軽石の斑晶が溶結しており、顕著な節理を示す。熱によって焼かれたように淡赤色化した部分がある。	0.1
	2	流紋岩質強溶結凝灰岩	顕著な節理をもつ強溶結流紋岩質凝灰岩。1〜2 mm程度の長石と軽石の斑晶が目立つ。全体に淡黄色。	0.0
	3	流紋岩質強溶結凝灰岩と石英安山岩溶岩の接触部	数mm〜3 cmの亜角礫を多く含む流紋岩質溶結凝灰岩。灰緑色の岩片が一定方向に引き伸ばされており、節理が顕著で緻密で硬い。強溶結の部分は、岩片が針状に伸びる。数cmの角がとれた泥岩の礫を含む。全体に淡青色〜灰緑色。部分的に熱に焼かれたように淡赤色化している。これに、数mm〜2 cmの同質岩片が一方向に引き伸ばされて弱い流理構造を示す石英安山岩が貫入している。	0.2
	4	石英安山岩溶岩	顕著な流理構造をもつ。細粒の長石や軽石、同質岩片を含む。灰緑黒色。	0.2
	5	流紋岩質強溶結凝灰岩（火山礫凝灰岩）と石英安山岩溶岩の接触部	凝灰岩は50 cmをこえる大きさの泥岩片を含む。泥岩片は強く引き伸ばされている。石英安山岩は顕著な流理構造をもつ。長石や軽石の微細な斑晶が目立つが、斑晶をほとんど含まない部分もある。	0.1
	6	砂岩と流紋岩質ガラス質結晶凝灰岩（軽石凝灰岩）の接触部	中粒砂岩と軽石凝灰岩が接する。凝灰岩は2 mm〜50 cmの岩片を含む。さらに1 cm大の泥岩片を含む。	0.0
	7	流紋岩質強溶結凝灰岩（火山礫凝灰岩）	数cmにおよぶ同質岩片や淡緑色ガラスが多く含まれ、それらが溶結して一定方向に引きのばされている。亜角礫の黒色泥岩の岩片が散在する。	0.2
	8	流紋岩質ガラス質結晶凝灰岩（軽石凝灰岩）と石英安山岩の接触部	1 mm〜数cmの同質角礫や長石、軽石を含む流紋岩質凝灰岩。全体に風化が進み褐色化している。そこに石英安山岩が貫入している。	0.1
	9	石英安山岩溶岩と層状流紋岩質ガラス質結晶凝灰岩（軽石凝灰岩）の接触部	数mm〜1 cmの亜角礫の岩片を含む淡黄色流紋岩質凝灰岩。層状構造が顕著。1 mm〜数cmの長石や軽石が目立つ。数mmの泥岩片を含む。風化が進み褐色化している。これに石英安山岩溶岩がN64W80Sで貫入している。	0.1
	10	流紋岩質ガラス質結晶凝灰岩（軽石凝灰岩）	数mmから1 cmの同質岩片や軽石、5 mm〜1 cmの長石を多く含む淡緑色流紋岩質凝灰岩。微細な黒色泥岩を含む。	0.1
	11	流紋岩質ガラス質結晶凝灰岩（軽石凝灰岩）	数mm〜1 cmの同質岩片や軽石を多く含む流紋岩質凝灰岩。数mの黒色泥岩も見られる。露頭全体が15度程度南に傾斜している。	0.0
	12	流紋岩質強溶結凝灰岩（火山礫凝灰岩）と石英安山岩溶岩の接触部	N38W60Sの顕著な節理をもつ強溶結凝灰岩。数mm〜数cmの同質岩片や長石が一方向に顕著に引き伸ばされている。これに、全体的に青白色で流理構造が顕著な石英安山岩が貫入している。	0.1（凝灰岩） 0.2（安山岩）

	13	層状流紋岩質ガラス質結晶凝灰岩（軽石凝灰岩）	青白色で岩片をほとんどもたない流紋岩質凝灰岩。N48E90Sの節理面をもつ。細粒で層状構造をもつ。部分的に同質の岩片を含むが岩片の角は丸くなっている。	0.0
	14	流紋岩質弱溶結凝灰岩	層状構造が顕著でN48E90Sの節理面をもつ凝灰岩。数mmの岩片が一定方向に引きのばされている。全体に風化が激しく白色化している。	0.2
	15	層状流紋岩質ガラス質結晶凝灰岩（軽石凝灰岩）	層状構造が顕著な淡黄白色流紋岩質凝灰岩。岩片はほとんど見られない。微細な黒色泥岩を含む。	0.0
	16	流紋岩質ガラス質結晶凝灰岩（軽石凝灰岩）	節理が顕著な流紋岩質凝灰岩。岩片はほとんど含まない。微細な黒色泥岩をわずかに含む。	0.1
	17	流紋岩質弱溶結凝灰岩	岩片をほとんど含まない青白色凝灰岩。わずかに含まれる岩片や長石は一方向に引き伸ばされている。わずかに、2～3cmの角がとれた同質岩片を含む。節理が顕著で微細な黒色泥岩をわずかに含む。	0.0
	18	流紋岩質弱溶結凝灰岩	1mm程度の軽石や長石が目立つ。全体に青白色。	0.3
	19	砂岩と流紋岩質ガラス質結晶凝灰岩（軽石凝灰岩）の接触部	層状構造が顕著な細粒砂岩。わずかに、数mm～1cmの角がとれた礫や数mmの角がとれた黒色泥岩を含む。これと、流紋岩質凝灰岩が接している。	0.2
	20	砂岩と流紋岩質ガラス質結晶凝灰岩（軽石凝灰岩）の接触部	顕著な層状構造を示す長石を含む細粒砂岩と、軽石凝灰岩が接する。凝灰岩はN20E20Sの節理面をもつ。全体に風化がすすみ、岩片や軽石が欠落している。	0.2
	21	流紋岩質ガラス質結晶凝灰岩（軽石凝灰岩）	細粒の長石や軽石を含む。部分的に亜角礫の岩片が1cm台に達する。N-S90Wの節理面をもつ。	0.1
	22	流紋岩質ガラス質結晶凝灰岩（軽石凝灰岩）	細粒の長石や軽石が層状構造をもつ。N10E20Sの節理面をもつ。	0.1
	23	流紋岩質ガラス質結晶凝灰岩（軽石凝灰岩）	数mm～1cmの同質礫を含む流紋岩質凝灰岩。N10E90Sの節理面が目立つが、ほかにも微細な節理を多くもつ。風化によって淡黄色化している。	0.1
	24	流紋岩質弱溶結凝灰岩	1mm程度の岩片、長石、軽石が一定方向に配列し、著しい層状構造を示す。一部溶結しており、N5E30Sの節理面をもつ。風化によって淡黄白色化している。	0.1
	25	流紋岩質ガラス質結晶凝灰岩（軽石凝灰岩）	1mm～5mmの長石や軽石が目立つ流紋岩質凝灰岩。N10E10Sの節理面をもつ。	0.1
140503	1	流紋岩質強溶結凝灰岩（火山礫凝灰岩）	数mm～2cmの同質岩片を多く含む溶結凝灰岩。黒色のガラスが一定方向に引きのばされレンズ状になっている。全体に青白色。	0.1
	2	流紋岩質強溶結凝灰岩（火山礫凝灰岩）	数mm～数cmの同質岩片を多く含む流紋岩質凝灰岩。全体に淡黄色化している。	0.1
	3	流紋岩溶岩	明瞭な節理をもち、長石や軽石の白い斑晶をもつ。自破砕溶岩。	0.2
	4	石英安山岩溶岩	数mmの長石、岩片、軽石が密集している。節理が顕著。	0.6
	5	石英安山岩溶岩	N32E84WとN34W64Wの2方向の明瞭な節理をもち、長石や軽石の白い斑晶をもつ。全体に黒色化しているが、一部は熱によって焼かれたように淡赤色化している。	0.1
	6A	流紋岩質強溶結凝灰岩（火山礫凝灰岩）と石英安山岩溶岩の接触部	数mmから5cmの灰緑色の角礫を多く含み強溶結している。層状構造をもち、岩片が一方向に並ぶ。N66W88Sで凝灰岩と石英安山岩が接している。凝灰岩には、熱によって焼かれたように淡赤色化した部分がある。緑色のガラスが多く生じている。	0.1
	6B	流紋岩質強溶結凝灰岩（火山礫凝灰岩）	数mm～1cmの同質の岩片や1mmの軽石が目立つ溶結凝灰岩。数cmにおよぶ緑色ガラスが一定方向に配列している。	0.2
	6C	流紋岩質強溶結凝灰岩（火山礫凝灰岩）	数mm～1cmの同質岩片や1mmの軽石が目立つ。風化が進み、全体的に黄白色化が進んでいる。	0.1
	6D	流紋岩質強溶結凝灰岩（火山礫凝灰岩）	数mmから数cmの流紋岩質の礫を多く含む。緑色のガラスが生じており、層状構造が発達している。	0.5

	6E	流紋岩質強溶結凝灰岩（火山礫凝灰岩）	数mmから数cmの濃淡色〜灰緑色の角礫を多く含む。ち密で固く、弱い層状構造をもつ。	0.1
	7	流紋岩質ガラス質結晶凝灰岩（軽石凝灰岩）	数mm〜1cmの灰緑色の礫を多く含む。軽石が多く、風化が進んでいる。	0.1
	8	流紋岩質強溶結凝灰岩	数mmの岩片を含み、全体が黒色化している。強溶結している。	0.1
	9	砂岩泥岩互層	層状頁岩に砂の薄い層をはさんでいる。	0.2
	10	流紋岩質ガラス質結晶凝灰岩（軽石凝灰岩）	1mmの同質岩片と軽石を多く含む凝灰岩。数cmの泥岩の岩片を含む。	0.1
	11	流紋岩質ガラス質結晶凝灰岩（軽石凝灰岩）	数mmの軽石と同質岩片を多く含む流紋岩質凝灰岩。風化が進み黄色化している。	0.1
	12	流紋岩質弱溶結凝灰岩	N42E44Eの節理面をもつ凝灰岩。風化で淡白色化している。3mm程度の同質岩片を含む。細粒の軽石を多く含み、また所々に2cm程度の緑色ガラス片を含む。	0.1
	13	流紋岩質強溶結凝灰岩	N72W14Wの節理面をもち、強溶結している。1cm以下の緑色ガラスや岩片を多く含む。岩片は一定方向に引き伸ばされており、一部針状になっている。	0.1
	14	流紋岩質ガラス質結晶凝灰岩（軽石凝灰岩）	N68W24Wの節理面をもち、5mm〜1cmの流紋岩質岩片を多く含む。全体に風化して淡黄緑色化しており、多くの岩片が欠落している。	0.1
	15	流紋岩質ガラス質結晶凝灰岩（軽石凝灰岩）	数mm〜数cmの同質岩片を多く含む流紋岩質凝灰岩。数mmの軽石、長石がめだつ。全体に風化で淡黄色化している。	0.0
	16	層状流紋岩質ガラス質結晶凝灰岩（軽石凝灰岩）	顕著な層状構造をもつ流紋岩質凝灰岩。斑晶は微細な長石。	0.1
	17	流紋岩質ガラス質結晶凝灰岩（軽石凝灰岩）	数mmの岩片や軽石、長石を含む流紋岩質凝灰岩。風化が進み青白色化している。	0.1
140515	1	流紋岩質弱溶結凝灰岩と石英安山岩溶岩の接触部	微細な岩片や軽石、長石が一定方向に配列し、層状構造が顕著な淡緑色流紋岩質凝灰岩。一部ガラスがレンズ状になって溶結している。これに溶岩が貫入している。	0.1
	A	流紋岩質強溶結凝灰岩	数mm〜数cmの岩片を多く含み、強溶結してレンズ状に斑列している。	0.1
	p1	層状流紋岩質ガラス質結晶凝灰岩（軽石凝灰岩）	数mm程度の岩片をわずかに含む。層状構造が顕著で全体に風化して白黄色化している。	0.1
	p2	層状流紋岩質ガラス質結晶凝灰岩（軽石凝灰岩）	数mm程度の岩片をわずかに含む。層状構造が顕著で全体に風化して白黄色化している。	0.1
	p3	流紋岩質強溶結凝灰岩	数mm〜2cmの同質岩片を多く含む溶結凝灰岩。黒色のガラスが一定方向に引き伸ばされレンズ状になっている。節理が明瞭で、風化によって全体が黄色化している。	0.0
	p4	流紋岩質ガラス質結晶凝灰岩（軽石凝灰岩）	数mm〜数cmの岩片や軽石を含む。ときに泥岩片を含むことがある。全体に風化によって淡黄色化している。	0.1
	p5	流紋岩質強溶結凝灰岩	節理面が顕著で強溶結によってガラスが一定方向に引き伸ばされてレンズ状になっている。岩片はほとんど含まない。	0.2
	p6	流紋岩質ガラス質結晶凝灰岩（軽石凝灰岩）	数mm〜数cmの岩片や軽石を含む。全体に風化によって淡黄色化している。	0.0
	p7	流紋岩質強溶結凝灰岩	N35E78WとN30W58Wの2方向の明瞭な節理をもち、長石や軽石の白い斑晶をもつ。全体に黒色化しているが、一部に熱によって焼かれたように淡赤色化している。	0.1
	p8	流紋岩質ガラス質結晶凝灰岩（軽石凝灰岩）と石英安山岩溶岩の接触部	数mmの同質岩片や軽石を多く含む流紋岩質凝灰岩が石英安山岩自破砕溶岩と接する。凝灰岩は泥岩片を含むことがある。凝灰岩は風化によって全体に淡黄色化しているが、溶岩は青白色である。	0.0
	p9	砂岩	細粒の層状構造を示す白色砂岩。	0.1

試料番号		岩相	特徴	帯磁率 $(SI \times 10^{-5})$
	p10	砂岩	細粒の層状構造を示す白色砂岩。	0.1
	p11	角閃石黒雲母花崗閃緑岩	1～2mm の自形角閃石や黒雲母を含む。全体に風化によって赤色化しており、一部はマサ化している。	0.1
140621	1	流紋岩質強溶結凝灰岩（火山礫凝灰岩）	5mm～1cm の流紋岩や最大数 cm に達する泥岩の角がとれていない岩片を多く含む。長石の斑晶は5mm に達し、軽石も多く含む。弱い層状構造をもつ部分もある。全体に熱で焼かれたような灰赤色化がすすんでいる。	0.1
	2	流紋岩質強溶結凝灰岩（火山礫凝灰岩）	節理が顕著で、全体が熱に焼かれたように淡赤色化している。数 mm の流紋岩や泥岩の岩片を多く含む。より小さな岩片を無数に含み、それらは強溶結しており、顕著な層状構造を呈して、針状～レンズ状に引きのばされている。泥岩片はときに 5cm におよび、長石や軽石の斑晶も数 cm の長さに達することがある。	0.1
	3	流紋岩質強溶結凝灰岩（火山礫凝灰岩）	全体に青緑灰色で、基質の割合が高い。数 cm の岩片や泥岩の岩片が多く含まれ、それよりも小さい岩片は強溶結して、著しい層状構造を示す。部分的に熱によって焼かれたように淡赤色化している。	0.2
	4	流紋岩質ガラス質結晶凝灰岩（軽石凝灰岩）	数 mm～1cm の流紋岩や泥岩の岩片を多く含む。弱い層状構造を示す部分がある。風化が進み、岩片や軽石が欠落している。	0.1
	5	流紋岩質弱溶結凝灰岩	節理が顕著で硬い。全体が淡青灰色で、微細な斑晶が弱い層状構造をなしている。部分的に泥岩岩片や流紋岩質岩片が溶結している。	0.1
	6	流紋岩質ガラス質結晶凝灰岩（軽石凝灰岩）	淡灰色～淡黄色、細粒で、数 mm～1cm の流紋岩岩片や長石の斑晶を含む。	0.0
	7	流紋岩質強溶結凝灰岩（火山礫凝灰岩）	数 mm～1cm の流紋岩や泥岩の岩片を多く含む。全体に溶結がすすみ、一方向に強く引きのばされて針状にのび、顕著な層状構造を示す。節理が顕著で、数 mm の長石や軽石が濃集する部分もある。全体に灰緑色をしている。	0.1
	8	流紋岩質ガラス質結晶凝灰岩（軽石凝灰岩）	数 mm～1cm の軽石や同質岩片、長石が多く含まれる。節理が明瞭だが、風化によって白濁している。	0.1
	9	流紋岩質ガラス質結晶凝灰岩（軽石凝灰岩）	節理面が明瞭で硬い。全体が灰緑色～灰色で、微細な長石や同質岩片を多く含む。ところどころに 1mm～数 cm の軽石や長石がみられる。角閃石などの有色鉱物が自形でみられる。層状構造が顕著である。数 mm の泥岩片がみられることがある。	0.0
	10	流紋岩質ガラス質結晶凝灰岩（軽石凝灰岩）	1mm の軽石や同質岩片を多く含む。数 mm～1cm の泥岩の岩片をところどころに含む。全体に細粒で白色～淡黄色。層状構造はみられないか、あっても微弱。	0.0

2. 加西市の岩石試料

試料番号		岩相	特徴	帯磁率 $(SI \times 10^{-5})$
140622	4	層状流紋岩質ガラス質結晶凝灰岩（軽石凝灰岩）～同質弱溶結凝灰岩	数 mm～3cm の同質岩片や緑色の軽石、1～2mm の黒色泥岩片を多く含む、淡灰色～淡青色の流紋岩凝灰岩。層状構造が顕著。部分的に弱溶結によって、岩片が一方向に引き伸ばされ、部分的に針状になっている。軽石から生じた緑色のガラス片がレンズ状に見られる。	0.0
	5	層状流紋岩質ガラス質結晶凝灰岩（軽石凝灰岩）～同質弱溶結凝灰岩		
	6	層状流紋岩質ガラス質結晶凝灰岩（軽石凝灰岩）～同質弱溶結凝灰岩		
140405	26	流紋岩質ガラス質結晶凝灰岩（軽石凝灰岩）～同質弱溶結凝灰岩	灰色～白色で 1mm の流紋岩岩片や泥岩片を多く含む。部分的に弱溶結しており、岩片が一方向に引きのばされている。	0.1

| 140418 | 1 | 流紋岩質強溶結凝灰岩 | 淡青色で1mm〜最大4cmの流紋岩質岩片を多く含む。強溶結しており、軽石はガラス化し、岩片は一方向に長く引きのばされている。 | 0.1 |

3. 三木市の岩石試料

試料番号		岩 相	特 徴	帯磁率 $(SI \times 10^{-5})$
140418	2	流紋岩質ガラス質結晶凝灰岩（軽石凝灰岩）〜同質弱溶結凝灰岩	淡青色で最大10mmの流紋岩質岩片を多く含む。軽石や長石の斑晶が目立つ。部分的に弱溶結し、岩片が引きのばされている。風化によって褐鉄鉱脈が生じている。	0.1

4. 加古川市の岩石試料

試料番号		岩 相	特 徴	帯磁率 $(SI \times 10^{-5})$
140803	1	層状流紋岩質ガラス質結晶凝灰岩（軽石凝灰岩）	淡黄色で層状構造をもつ。最大5mmの流紋岩質岩片や泥岩片を含む。長石や石英、軽石が斑晶をなす。	0.1
	2	層状流紋岩質ガラス質結晶凝灰岩（軽石凝灰岩）	淡青色で層状構造をもつ。最大5mmの流紋岩質岩片や泥岩片を含む。長石や石英、軽石が斑晶をなす。	0.1
140405	3	砂岩	細粒砂岩。層状構造をもつ。	0.0
	5	層状流紋岩質ガラス質結晶凝灰岩（軽石凝灰岩）	細粒流紋岩質凝灰岩。岩片を含まないか、数mmの流紋岩片をわずかに含む。微細な長石を含む。顕著な層状構造を示す。特徴的な緑色をしている。	0.1
140407	1	層状流紋岩質ガラス質結晶凝灰岩（軽石凝灰岩）	流紋岩質凝灰岩。淡青色緻密で層状構造をもつ。岩片を含まない。淡黄色で1mm程度の斜長石や石英を多く含む。	0.1
	2	流紋岩質ガラス質結晶凝灰岩（軽石凝灰岩）	1mm程度の長石、軽石、岩片をわずかにもつ流紋岩質凝灰岩。熱の影響で淡赤色化している。	0.1
140606	6	層状流紋岩質ガラス質結晶凝灰岩（軽石凝灰岩）〜同質弱溶結凝灰岩	青白色の流紋岩質凝灰岩。最大8cmの同質凝灰岩片や最大4cmの黒色泥岩片のほか、1.5mmの白色の長石や軽石を斑点状に多く含む。部分的に溶結して2mm程度の緑色のガラスを含むことがある。層状構造が顕著。	0.1
140617	1	層状流紋岩質ガラス質結晶凝灰岩（軽石凝灰岩）	淡黄色できめが細かく数mmの流紋岩片や軽石を含む。黒色泥岩片がまれにみられる。	0.1
	2	流紋岩溶岩	全体に淡緑色〜黄褐色、部分的に淡赤色化しており、数mmの自破砕の流紋岩片を多く含む。流理構造が見られる。	0.1
	3	層状流紋岩質ガラス質結晶凝灰岩（軽石凝灰岩）	淡青色できめが細かく数mm〜3cmの流紋岩片や軽石を多く含むほか、最大1cmの黒色泥岩片がみられる。	0.1
	4	流紋岩溶岩	数mm〜1cmの同質の自破砕礫をひじょうに多く含む流紋岩。全体に熱の影響を受けて淡赤色化している。	0.1

5. 高砂市の岩石試料

試料番号		岩 相	特 徴	帯磁率 $(SI \times 10^{-5})$
140622	1	層状流紋岩質ガラス質結晶凝灰岩（軽石凝灰岩）	全体の色相が淡黄色、淡赤色、淡青色のものがある。基質はガラス質でわずかに溶結しており、粘けがある。2〜3mmの長石や軽石が白斑をなす。最大15mmの同質岩片を含む。最大5cmの黒色泥岩片がしばしばみられる。	0.3
	2	層状流紋岩質ガラス質結晶凝灰岩（軽石凝灰岩）		
	3	層状流紋岩質ガラス質結晶凝灰岩（軽石凝灰岩）		

闘竜灘はなぜ加古川を氾濫させたのか　75

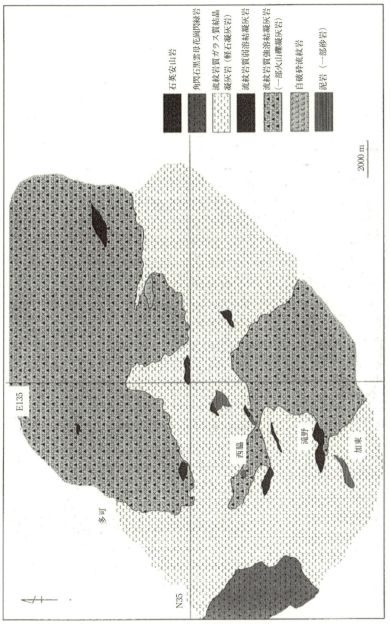

図14　西脇市の地質図

図15　南西方向に傾斜する流紋岩質凝灰岩（左：試料140426-7地点／右：140426-11地点）

斑晶を多く含む（図16）。長柱状の角閃石(かくせんせき)の斑晶もわずかに見られる。この凝灰岩は広範囲にわたって溶結しており、基質はガラス質で緻密でかたい（図17）。強溶結凝灰岩は、ガラスがレンズ状に引き伸ばされて一定方向に配列している（図18）。これは、火山灰が厚く堆積して内部が高温高圧になったため、一部が溶けて基質のガラス部分に流動した形跡が残り、さらに軽石や岩片はレンズ状になったものと考えられる。

5　岩片の特徴を調べる

本調査地域の強溶結凝灰岩は、多くが火山礫凝灰岩である（図19）。溶結凝灰岩には柱状節理が発達しており、板状に割れやすい。多くの節理(せつり)はほぼ垂直に立っている（表1）。火山灰の特徴は溶結によって失われているため、溶岩との区分がきわめて難しい。私たちは岩片（自破砕岩片を除く）を含んでいるかどうかで判断した。

図16　流紋岩質凝灰岩（試料140426-6）　　図17　溶結凝灰岩（試料140426-3）

図18　ガラスが配列した溶結凝灰岩（試料140621-7）

図19　溶結火山礫凝灰岩（左：試料140426-12／右：140503-6A）

　流紋岩質凝灰岩に岩片として含まれる流紋岩は、わずかに小岩体として地表に現れている。流紋岩溶岩には自破砕構造が発達しており、溶岩が水底で固結したことを示している。さまざまな大きさの流紋岩の岩片を多く含み、層理は見られない。そのため岩層は不均質で風化に弱い（図20）。

　図21を見ると、灰色〜褐色の流紋岩質凝灰岩に石英安山岩が貫入して

図20　流紋岩溶岩（試料140503-3）

いる。一部に凝灰岩を巻き込んだり、凝灰岩を切るような部分が見られるが、全体には調和的で直線的に南西に傾斜している（図21〜図24）。闘竜灘の石英安山岩に見られる流理構造がほぼ水平であることから、マグマ固結時以降、地殻変動などによって地盤が変動していないことがわかる。石英安山岩は、長石や軽石の白い斑点をもつ（**図25**）。

図21 凝灰岩に貫入する石英安山岩（試料140426-3地点）
（Tuf：流紋岩質凝灰岩／And：石英安山岩の貫入）

図22 凝灰岩と石英安山岩（試料140426-8地点）（Tuf：流紋岩質凝灰岩／And：石英安山岩）

図23 凝灰岩と石英安山岩（試料140426-12地点（Tuf：流紋岩質凝灰岩／And：石英安山岩）

図24 凝灰岩に貫入する石英安山岩（試料140515-1地点）（Tuf：流紋岩質凝灰岩／And：石英安山岩の貫入）

図25 石英安山岩溶岩（試料140503-5）　　図26 細粒砂岩層（試料140426-6地点）

　河床を中心に、細粒砂岩〜泥岩層が分布している（図26）。同様の砂岩〜泥岩層は加古川市上荘町や加古川市畑、加西市坂本、大柳などにも分布する。ほぼ水平の層構造をもっていることや、級化成層やクロスラミナが見られることから、水底の堆積物と考えられる。流紋岩質凝灰岩はこの岩片を含むこと、その母岩となった流紋岩溶岩が自破砕構造をもつこと、などから、流紋岩マグマの噴火と火山灰の噴出は、砂岩〜泥岩層の堆積後に水底で起こったと考えられる。

　西脇市西部の明楽寺付近には、凝灰岩類を貫く角閃石黒雲母花崗閃緑岩の岩体が島状に見られる。全体に風化が進行し、赤色化している。斑状の部分が見られるなど、浅所迸入の岩相を示している。凝灰岩の固結後に表面が削剥され、地下の花崗閃緑岩が島状に露出したと考えられる。花崗閃緑岩の岩石鉱物学的特徴は加古川市や高砂市に見られた深成岩類と同じであり、因美迸入岩類に分類されると考えられる（田結庄ほか、1985）。風化が進行しており、他の岩体に熱の影響を与えたことを示す露頭は発見することができなかった。

6　鉱物を記載する

　流紋岩質凝灰岩は、ガラス質結晶凝灰岩であり、所々に1mm〜数cmの亜角礫の同質岩片や軽石を含んでいる。風化によって、長石や石英の斑晶や岩片周辺に赤鉄鉱が生じている（図27）。1mm〜数cmの長石や軽石が目立つ。数mmの泥岩片を含むことがある。

　流紋岩質ガラス質結晶凝灰岩の多くは、熱によって溶結構造を呈して、

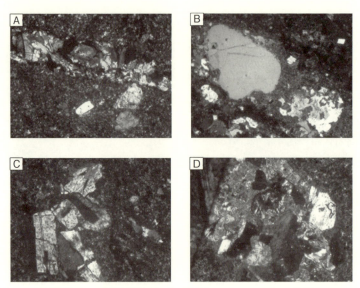

図27 流紋岩質ガラス質結晶凝灰岩（A：試料140426-8／B：試料140621-9／C：試料140426-8／D：試料140426-9／クロスニコル／横1.4mm）

流紋岩質強溶結凝灰岩になっている。数mm〜3cmの亜角礫の岩片の周囲が熱によって溶結していたり、引きのばされたりしており、強溶結の部分は、岩片が針状に伸びる。微細な鉱物の粒子が一方向に配列している（図28）。数cmの角がとれた泥岩の礫を含む。

　流紋岩質強溶結凝灰岩の多くは、もともと火山礫凝灰岩であったと考えられる。数mm〜数cmにおよぶ同質岩片や淡緑色ガラスが多く含まれ、

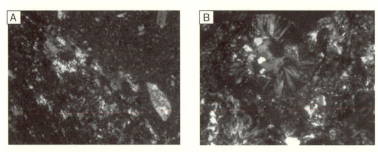

図28 流紋岩質強溶結凝灰岩（A：試料140426-3／B：試料140426-18／クロスニコル／横1.4mm）

それらが溶結して一定方向に引きのばされている（図29）。亜角礫の黒色泥岩の岩片が散在する。鉱物間に赤鉄鉱が生じていることがある。長石や軽石の斑晶も数cmの長さに達することがある。小さな岩片は、針状〜レンズ状に引きのばされている。

一部の強溶結凝灰岩は、一方向に岩片が強く引きのばされて針状にのび、顕著な層状構造を示す（図30）。数mmの長石や軽石が濃集する部分もあ

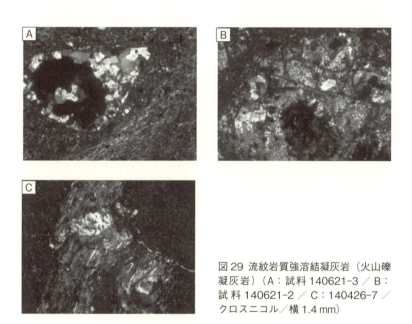

図29 流紋岩質強溶結凝灰岩（火山礫凝灰岩）（A：試料140621-3／B：試料140621-2／C：140426-7／クロスニコル／横1.4mm）

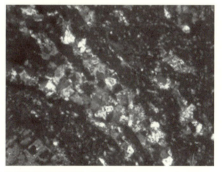

図30 層状の流紋岩質強溶結凝灰岩（試料140621-7／クロスニコル／横1.4mm）

る。

兵庫県南部加西市、三木市、加古川市、高砂市まで分布する凝灰岩との比較

　西南日本内帯には、白亜紀〜新第三紀（約1億年前〜3000万年前）の火山岩類が広く分布している。そのうち、加古川市や高砂市から西脇市まで広く分布する凝灰岩は、白亜紀後期（約8000万年前〜7000万年前）の活動によって形成されたものと考えられている（兵庫県、1961／田結庄ほか、1985）。凝灰岩の多くは高温と荷重によって溶結構造を示すものが多く、また溶岩と漸移することから、凝灰岩と溶岩の区別は非常に難しい。

　私たちは、凝灰岩の岩相がどのように変化するのかを確認するために、西脇市から南へ、加西市、三木市、加古川市、高砂市まで35 kmにわたって凝灰岩の分布を露頭で追跡し、試料を採取して薄片を作成し、鉱物のモード組成や構造、帯磁率を比較した（図31）。

1　加西市の凝灰岩

　加西市の善防山—笠松山の北東側には巨大な採石場があり、採石される凝灰岩は「長石」（試料140622-4〜6）とよばれ、古墳時代から石仏などの石像文化を形成している。青灰色で、数mm〜3 cm程度の同質岩片や緑色の軽石、1〜2 mmの黒色の泥岩片を多く含む、淡灰色〜淡青色の流紋岩質凝灰岩である（図32）。長石や石英の斑晶を含んでいる。部分的に弱溶結して、岩片が一方向に引き伸ばされて針状になっている（図33）。軽石から生じた緑色のガラス片がレンズ状に引きのばされている。小野市西部〜加西市南部にかけて分布する強溶結凝灰岩に比べて基質は軟らかく、粘りがあって加工しやすい。これらの性質は、加古川市や高砂市の流紋岩質凝灰岩「竜山石」の特徴と連続的である。

　加西市坂本町の凝灰岩（試料140405-26）は灰色〜白色の流紋岩質凝灰岩で、善防山〜笠松山の北東側山麓に比べて、1 mm程度の流紋岩質岩片や黒色泥岩片を多く含む（図34）。基質はガラス質で粒度は不均一である（図35）。斜長石や石英の斑晶、含まれる岩片はいずれも周囲が融食されて

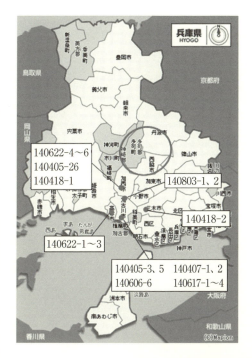

図31　兵庫県西脇市（地質図を描いた地域を丸で囲った）と、凝灰岩を追跡した加西市、三木市、加古川市、高砂市の試料採取地点（Mapion に加筆）

図32　加西市善防山～笠松山の北東側山麓の凝灰岩（試料 140622-4）

おり、変質鉱物も見られる。部分的に熱によって弱溶結し、岩片が一方向に引き伸ばされているようすが確認できる。

　加西市豊倉町の兵庫県立フラワーセンター敷地内の露頭から採取される凝灰岩（試料 140418-1）は、淡青色の流紋岩質凝灰岩で、1 mm～4 cm 程度の同質岩片を多く含む（図36）。岩片は強溶結して、一方向に長く引き

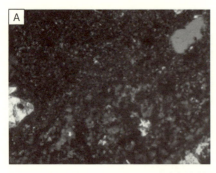

図33　加西市善防山〜笠松山の北東側山麓の凝灰岩（試料140622-4／A：右下半分は含まれる同質岩片／B：一部溶結している部分／クロスニコル／横1.4 mm）

図34　加西市坂本町の凝灰岩（試料140405-26）

図35　加西市坂本町の凝灰岩（試料140405-26／クロスニコル／横1.4 mm）

のばされており、基質は全体に不均一で多くの部分がガラス質である（図37）。斜長石や石英の斑晶は周囲が融食されており、軽石はガラス化している。

2　三木市の凝灰岩

三木市鳥町の三木小野インターチェンジ付近には、流紋岩質凝灰岩（試料140418-2）が分布している（図38）。弱溶結して最大1 cmの同質岩片や、周囲が融食された斜長石や石英が一方向に引き伸ばされており、その方向に褐鉄鉱などの変質鉱物が脈状に生じている（図39）。基質はガラス質である。

図36 加西市豊倉町の凝灰岩
（試料140418-1）

図37 加西市豊倉町の凝灰岩（試料
140418-1／クロスニコル／横1.4mm）

図38 三木市鳥町の凝灰岩
（試料140418-2）

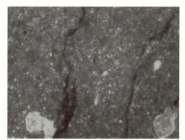

図39 三木市鳥町の凝灰岩（試料
140418-2／クロスニコル／横1.4mm）

3 加古川市の凝灰岩

　加西市と加古川市の境界部、加古川市志方町の露頭で採取した流紋岩質凝灰岩（試料140803-1、2）である。露頭では、淡黄色凝灰岩の中心部にわずかに淡青色凝灰岩が見られる（**図40**）。この産状は高砂市の流紋岩質凝灰岩「竜山石」と同様で、淡青色凝灰岩の風化によって褐鉄鉱や赤鉄鉱が生じ、淡黄色凝灰岩が形成されたと考えられる（兵庫県立加古川東高等学校地学部、2010）。成層ハイアロクラスタイトの特徴をもち、最大5mm程度の角がとれた流紋岩質の岩片を含み、数mmの黒色泥岩片を含むことがある。岩片は全体に小さく、基質は細粒でガラス化している（**図41**）。半自形の斜長石や融食された石英、軽石が斑晶をなす。

　加古川市南部加古川町の流紋岩質凝灰岩（試料140405-5・試料140407-1・試料140606-6・試料140617-1、3）は、火山活動によって噴出した火

図40　加古川市志方町の凝灰岩（A：淡黄色凝灰岩試料140803-1／B：淡青色凝灰岩試料140803-2）

図41　加古川市志方町の凝灰岩（試料140803-2／クロスニコル／横1.4mm）

山灰がカルデラ湖の水底に堆積してできた成層ハイアロクラスタイトである（先山、2005a／兵庫県立加古川東高等学校地学部、2009／**図42**）。この構造は西脇市や加西市では見られない。風化作用を受けていない淡青色凝

図42　加古川市加古川町の凝灰岩（A：淡黄色凝灰岩試料140617-1／B：淡青色凝灰岩試料140617-3）

図43 加古川市加古川町の凝灰岩（A：試料140405-5 ／ B：試料140606-6 ／ クロスニコル／横1.4 mm）

灰岩と褐鉄鉱などの変質鉱物を全体に生じて淡黄色化した凝灰岩が見られる。色相にかかわらず層状構造が顕著で、最大 8 cm の流紋岩質の亜角礫片や、数 mm 〜 4 cm の黒色泥岩片を含む（**図43**）。半自形の斜長石と、融食された石英、軽石が斑晶をなす。

4 高砂市の凝灰岩

高砂市伊保町竜山に分布する流紋岩質凝灰岩（試料 140622-1 〜 3）は、成層ハイアロクラスタイトをなす（先山、2005a／兵庫県立加古川東高等学校地学部、2009）。青、黄、赤の 3 色の色相をもつものがあり、青色の凝灰岩が風化によって黄色化し、またマグマ残液などの熱によって焼かれて赤色化したと考えられている（兵庫県立加古川東高等学校地学部、2010）。

流紋岩質凝灰岩は節理が発達しており、また層状構造が顕著である。色相に関係なく、最大 15 mm の不規則な形の角がとれて丸くなった流紋岩質の岩片を含み、数 mm 〜 5 cm の砂岩〜黒色泥岩片を含むことがある（**図44**）。凝灰岩が弱溶結している場合、黒色泥岩片は周囲が熱によって再平衡し融食されている（**図45**）。基質は、ほとんどが流紋岩質で等粒の細粒岩片からなっており、火山灰の占める割合は小さい。そのため、岩片と基質の境界は不明瞭で、漸移しているように見える。自形〜半自形の斜長石と、融食されて丸くなった石英、軽石が斑晶として観察される。淡青色凝灰岩は変質鉱物がなく、淡黄色凝灰岩は鉱物間に褐鉄鉱や赤鉄鉱を生じている。淡赤色凝灰岩は赤鉄鉱が鉱物間を浸潤するように優勢である。

流紋岩は淡灰色〜褐色で、流理構造の発達が著しい。この流紋岩は部分

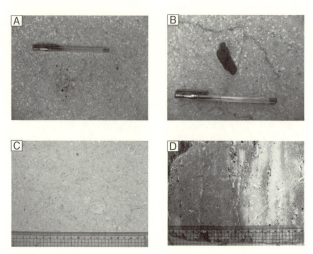

図44 高砂市伊保町の凝灰岩(A:淡黄色凝灰岩試料140622-1・流紋岩質岩片を含む/B:淡黄色凝灰岩試料140622-1・黒色泥岩岩片を含む/C:淡青色凝灰岩試料140622-2/D:淡赤色凝灰岩試料140622-3)

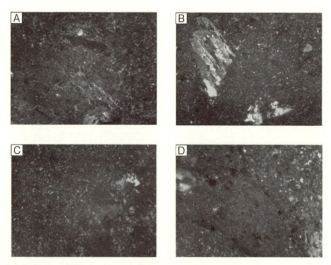

図45 高砂市伊保町の凝灰岩(A:淡黄色凝灰岩試料140622-1/B:淡青色凝灰岩試料140622-2/C:淡青色凝灰岩試料140622-2・右下に流紋岩片がみえる/D:淡赤色凝灰岩試料140622-3/クロスニコル/横1.4mm)

的に自破砕構造をもっており、同質の岩片を多く含む。これらのことは、水中に噴出した流紋岩溶岩が一部水中で自破砕し、岩片が水中を運搬されて同質の火山灰や細粒の岩片とともに堆積したと考えられる。これは砂岩〜黒色泥岩が堆積した後の出来事である。

兵庫県南部に分布する凝灰岩の鉱物のモード組成の比較

採取した凝灰岩の鉱物のモード組成を比較した。凝灰岩をなす鉱物はいずれも同じである。観察したすべての凝灰岩の基質の部分は、微細な斜長石と石英、ガラスからなり、流紋岩質岩片や黒色泥岩片、軽石が斑晶をな

表2 凝灰岩の流紋岩質岩片や軽石、泥岩片の割合（％）

凝灰岩	試料番号		流紋岩片	黒色泥岩片	軽石
西脇市の結晶凝灰岩	140426	10	6.4	0.9	6.5
	140503	14	8.1	1.9	6.8
西脇市の弱溶結凝灰岩	140515	1	10.7	0.5	9.9
西脇市の強溶結凝灰岩	140426	3	12.1	0.9	0.5
	140426	7	12.6	0.9	0.9
	140426	12	16.4	0.4	0.4
	140503	1	14.6	0.6	7.0
	140503	6C	25.0	8.0	8.0
	140621	2	16.8	10.1	4.6
	140621	3	20.2	4.6	8.7
三木市の弱溶結凝灰岩	140418	2	12.4	1.8	3.5
加西市の結晶凝灰岩	140622	4	10.4	4.6	6.4
加西市の強溶結凝灰岩	140418	1	12.3	2.3	4.8
加古川市の結晶凝灰岩	140617	3	4.6	0.5	10.0
	140803	1	3.6	0.2	9.5
高砂市の結晶凝灰岩	140622	1	3.7	0.4	11.2
	140622	2	3.3	0.4	9.5

す。斑晶の割合を求めるために、岩石試料を平らに削り、そこに方眼紙をあてて岩片や軽石の輪郭を写し取り、試料面全体に対する面積の割合を求めたところ、西脇市から南の高砂市に向かうにつれて流紋岩片の割合が次第に小さくなり、細粒で均質になる（表 2）。特に西脇市の強溶結凝灰岩の岩片の割合は著しく高い。

兵庫県南部に分布する岩石の帯磁率の比較

すべての試料を Terraplus 社製の携帯型帯磁率計 Kappameter KT-5 を用いて測定した（図 46）。感度 1×10^{-6} SI Unit、測定幅 0.001×10^{-3} 〜 999.99×10^{-3} SI Unit である。すべての試料について 10 回ずつ測定し平均をとったものを表 1 に示した。

加古川市や高砂市に分布する岩石の帯磁率は、兵庫県立加古川東高等学校地学部（2011）および先山（2005a）によって詳細に測定されており、いずれも 7.7×10^{-5} 〜 1.5×10^{-4} SI の狭い範囲で変動しており、そのほとんどが 0.0 〜 3.0×10^{-5} SI である。岩石の帯磁率は、鉱物の磁性、すなわち鉱物の種類と割合によって決定される。兵庫県の白亜紀火山岩類の帯磁率は変動が大きく、同じ地層であっても値が異なることが多い（先山、2005b）。先山・藤原（2002）は地域によって帯磁率の高さには特徴があり、それをもとにして産地の同定をおこなうことができると指摘している。他の地域

図 46　KT-5 による露頭での帯磁率の測定

の帯磁率は異なる値を示すのに対して、西脇市、加西市、三木市、加古川市、高砂市の流紋岩、および流紋岩質凝灰岩の値が非常に狭い範囲に収まっており、これらが同一のマグマ活動によって形成された可能性が高い。

考察～兵庫県中部地域の形成過程と兵庫県南部地域との対比

　加古川市―高砂市に広く分布する凝灰岩は、
①成層ハイアロクラスタイトをなすこと
②不規則な形状の自破砕岩片や砂岩～泥岩片を含むこと
③流紋岩が自破砕で塊状であること
などから、流紋岩溶岩が水中に噴出し、表面が急冷されて自破砕した岩片が火山灰とともにカルデラ湖の底に堆積して形成されたと考えられている（兵庫県立加古川東高等学校地学部、2008、2009）。西脇市の流紋岩質凝灰岩は、同質岩片や砂岩～泥岩の岩片を含み、流理構造や溶結構造を示す。さらに、流紋岩溶岩が自破砕岩片を含み、塊状であることなどから、カルデラ湖の水底に堆積した砂岩～泥岩層を貫いて流紋岩マグマの噴火が起こり、同質の凝灰岩が堆積したと考えられる。

　加古川市～高砂市や西脇市、三木市、加西市の酸性岩や同質凝灰岩は、鉱物組成が類似している。さらに、帯磁率が非常に狭い範囲に収まっていることから、これらの凝灰岩が同じ起源のマグマから同時期に形成されたと考えられる。

　西脇市に見られる砂岩～泥岩層は、加古川市上荘町や加古川市畑、加西市坂本～大柳までの広がりをもっており、ほぼ水平の層構造や級化成層をもつ。また、兵庫県中部～南部に広がる同一の流紋岩質凝灰岩に共通して含まれることから、西脇市の砂岩～泥岩層は兵庫県南部に広がる同一の水底堆積物であると考えられる。さまざまな名称で呼ばれているが、先白亜系の基盤岩で、不明瞭に成層しており、カルデラ湖底に堆積した地層であると考えられる（尾崎ほか、1995、尾崎・原山、2003、吉川ほか、2005）。

　瀬戸内海に中心をもつカルデラ湖は、従来指摘されている加西市までで

はなく、西脇市付近までの広がりをもった巨大なものであったと考えられる。あるいは複数のカルデラ湖の複合体であったかもしれない。

西脇市に分布する流紋岩質凝灰岩は全体に南西方向に傾いている。また、西脇市から南に向かって凝灰岩の岩相は次第に細粒均質に変化する。このことから、凝灰岩が形成された後、カルデラ湖の北部側が隆起して削剥された結果、西脇市では加古川市〜高砂市の凝灰岩層の下位層（火山礫凝灰岩が溶結した凝灰岩）が露出していると考えられる。したがって、加古川市や高砂市で広く見られる流紋岩質凝灰岩の層状ハイアロクラスタイト構造は、北方の三木市や加西市、西脇市では見られず、一方南部ではほとんど見られない溶結凝灰岩が北部に広がっている。

西脇市西部の明楽寺付近に見られる角閃石黒雲母花崗閃緑岩は、兵庫県南部に広範囲に見られるもので、これらの凝灰岩類に浅所で迸入したものと考えられている（尾崎・原山、2003）。兵庫県南部の加古川市や高砂市では、直径が1 kmにも満たない小岩体として点々と分布するのみであるが

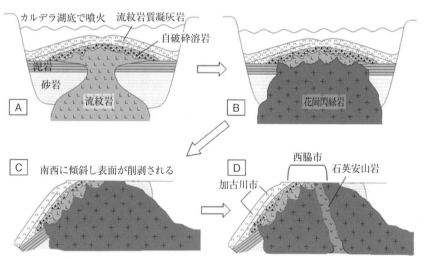

図47　兵庫県中部〜南部地域の形成史の模式図
A：カルデラ湖底に堆積した砂岩〜泥岩を貫いて流紋岩マグマの噴火が起こる
B：これらを貫いて花崗閃緑岩が浅所迸入する
C：南西に傾斜し北部が削剥される
D：石英安山岩マグマが貫入し、さらに削剥されて地表にあらわれる

(兵庫県立加古川東高等学校地学部、2008)、西脇市では半径 8 km 以上と分布地域が広い。これは南西方向に傾斜したために北部が大きく削剝を受けた結果、広く出現したものと考えられる。花崗閃緑岩の岩石鉱物学的特徴は、加古川市や高砂市に見られた深成岩類と同じである。

西脇市闘竜灘付近など複数の露頭において、南西に傾斜した流紋岩質凝灰岩に石英安山岩マグマが貫入し、地表が削剝されて現われている。このマグマ活動は兵庫県南部の加古川市や高砂市では見られない。溶岩の流理構造が水平であること、節理がほぼ垂直に立っていることなどから、傾斜した凝灰岩に石英安山岩マグマが貫入して以降、大規模な地殻変動はおこっていないと考えられる。闘竜灘では、これらを切るように逆断層が見られるため、小規模な断層活動はあった。

このように、西脇市から加西市、三木市、加古川市、高砂市に向かって次第に上位層を観察することになり、それらを追うことによって兵庫県南部地域の地史を順に見ることができる。図47に兵庫県中部〜南部地域の形成過程を模式的に示す。

まとめと今後の課題

1　闘竜灘の岩石相互の関係

闘竜灘では、軟らかい流紋岩質凝灰岩に石英安山岩が貫入している。石英安山岩は緻密で硬く、河川による風化にも強い。さらに、闘竜灘の中央を北西から南東方向に走る逆断層があり、北東側に広く分布する石英安山岩が相対的に上昇している。これらの要因によって、闘竜灘は周囲に比べて河川の幅が狭く、甚大な水害をもたらす要因になっている。

2　兵庫県中部〜南部の形成過程

カルデラ湖底に堆積した砂岩〜泥岩層を貫いて流紋岩マグマの噴火が起こった。水底で溶岩は自破砕となり、火山灰が層状構造を形成して堆積した。その後、南西方向に傾斜したために、西脇市付近は地表面が大きく削剝され、兵庫県南部のハイアロクラスタイトをなす細粒の成層凝灰岩より

も下位層の溶結凝灰岩が露出した。その後、石英安山岩マグマの貫入が起こった。これ以降大規模な地殻変動は見られない。

3　今後の展望

今回の研究では、西脇市〜高砂市に広く分布するそれぞれの地層の名称を明らかにすることはできなかったが、従来ひとくくりにされてきた地層を明確に対比することによって、兵庫県中部〜南部の形成過程を統一的に推定することができた。今後は、各地の凝灰岩のX線による全岩化学分析を行い、化学的側面から同一の凝灰岩である証拠を得たい。また、西脇市と加古川市をより明確に結ぶためには、同一とされる砂岩〜泥岩のより詳細な研究が必要である。さらに、今回のモデルには加えなかったが、西脇市から兵庫県北部に向かって調査し、カルデラ湖が形成される以前の地史についても検討したい。今後は兵庫県全域の露頭調査を精力的に行い、地質学にとって重要な基礎研究を続けていく予定である。

【謝　辞】

本研究を行うにあたり、露頭調査から岩石鉱物学的研究まで、本校地学部顧問の川勝和哉先生にお世話になった。ここに記して謝意を表します。なお本研究は、公益財団法人中谷医工計測技術振興財団の平成26年度科学教育振興個別助成を利用したものである。

[引用文献]

1) 橋元正彦（1999）『闘竜灘〜地質岩石探訪』（HP「兵庫の山々、山頂の岩石」http://www2u.biglobe.ne.jp/~HASSHI/yama.htm）
2) 兵庫県（1961）『兵庫の地質』（兵庫県土木地質図編纂委員会編集、361、10万分の1兵庫県地質図及び解説書・地質編）
3) 兵庫県監修（1998）『ひょうごの地形・地質・自然景観』（神戸新聞総合出版センター）
4) 兵庫県立加古川東高等学校地学部（2008）「山陽帯チタン鉄鉱系列と山陰帯磁鉄鉱系列のマグマ分化を系統的に説明する〜山陽帯加古川市花崗岩類の角閃石とリン灰石から波状累帯構造を発見〜」（『未来の科学者との対話VI〜第6回神奈川大学全国高校生理科・科学論文大賞受賞作品集』、78-101、日刊工業新聞社）

5) 兵庫県立加古川東高等学校地学部（2009）「マグマ残液流体相と風化変質作用が凝灰岩に与えた影響〜高級石材「竜山石」の成因〜」（『未来の科学者との対話 VII 〜第 7 回神奈川大学全国高校生理科・科学論文大賞受賞作品集』、54-76、日刊工業新聞社）
6) 兵庫県立加古川東高等学校地学部（2010）「マグマ分化末期の流体相の状態を推定する〜凝灰岩の加熱実験から、その赤色化を指標にして〜」（『未来の科学者との対話 VIII 〜第 8 回神奈川大学全国高校生理科・科学論文大賞受賞作品集』、28-55、日刊工業新聞社）
7) 兵庫県立加古川東高等学校地学部（2011）「加古川市―高砂市に点在する古墳時代の石棺の考古学的―鉱物学的研究」（『未来の科学者との対話 IX 〜第 9 回神奈川大学全国高校生理科・科学論文大賞受賞作品集』、186-195、日刊工業新聞社）
8) 神田桂一（2005）「台風 0423 号による兵庫県内の河川被害」(「明石工業高等専門学校研究紀要」第 48 号）
9) Kasama,T. and Yoshida, H.（1976）Volcanostratigraphy of the Late Mesozoic Acid Pyroclastic Rocks of the Arima Group, Southwest Japan (J.Geosci., Osaka City Univ., 20, 19-42)
10) 栗本史雄・松浦弘久・吉川敏之（1993）「篠山地域の地質〜地域地質研究報告」（93、地質調査所）
11) 尾崎正紀・松浦浩久（1988）「三田地域の地質〜地域地質研究報告」（93、地質調査所）
12) 尾崎正紀・栗本史雄・原山智（1995）「北条地域の地質〜地域地質研究報告」（103、地質調査所）
13) 尾崎正紀・原山智（2003）「高砂地域の地質〜地域地質研究報告」（87、産業技術総合研究所地質調査総合センター）
14) 田結庄良昭・弘原海清・政岡邦夫・周琵琶湖花崗岩団体研究グループ（1985）「近畿地方における白亜紀〜古第三紀火成活動の変遷」（地球科学、39 巻、5 号、358-371）
15) 先山徹・藤原清尚（2002）「兵庫県播磨地域、竜山石の岩相と帯磁率―石材遺物の産地同定に関する研究―」（日本文化財探査学会誌、4、72-80）
16) 先山徹（2005a）竜山石切場―竜山採石遺跡詳細分布調査報告書―（高砂市教育委員会編、21-22）
17) 先山徹（2005b）「近畿地方西部〜中国地方東部における白亜紀〜古第三紀火成岩類の帯磁率―帯状配列の検討と歴史学への適用―」（『人と自然』、

No.15）
18） 弘原海清（1984）「西南日本の基盤構造の発展」（『藤田和夫編著〜アジアの変動帯』、257-275、海文堂）
19） 吉川敏之・栗本史雄・青木正博（2005）「生野地域の地質〜地域地質研究報告」（48、地質調査総合センター）
20） 吉田久昭（2009）「山陽帯の火成岩類」（日本地質学会編集『日本地方地質誌5 近畿地方』、58、182-187、朝倉書店）

優秀賞論文

受賞のコメント

受賞者のコメント

学校初めての研究

●兵庫県立西脇高等学校　地学部マグマ班

2年　吉良　洋美

　私たちは、今年初めて研究というものを経験しました。梅雨から夏にかけての暑い時期でしたが、調査地域の山々をくまなく歩き、90個以上の岩石試料を採取しました。特別な分析装置どころか、岩石鉱物学の研究に必要な最低限の機材も不足する状況でしたが、顧問の川勝和哉先生の「できる理由を探して努力しなさい」という言葉に励まされ、また暗示的な助言をヒントにして頑張ることができました。先生には、計測器や偏光顕微鏡などを貸して頂いたり、助言をいただける研究者や企業の方を紹介して頂いたりしました。研究のおもしろさを実感し、そのうえ成果を上げることができて、本当に充実した気持ちです。今後も、部員それぞれが集中して研究活動に取り組んでいきたいと思っています。

指導教員のコメント

SSH指定校でなくても

●兵庫県立西脇高等学校　指導教諭　川勝　和哉

　前任校では、地学部を創部して生徒研究の指導を始め、本論文大賞でも、大賞を含む9年連続での受賞を達成するなど、高校生の科学研究のひとつのありかたを示した。前任校はSSH指定校であったために、受賞のたびに「SSH校だからできること」という言葉を投げかけられた。もちろん、自然をどのように観察し、どのように思考してまとめるかの指導には、SSH指定校であるか否かは関係がない。どのような学校でも、高度な機器を用いることなくレベルの高い研究をおこなうことができることを実証したいと強く思っていた。現任校に赴任し、これまで研究もプレゼンテーションも経験がない地学部の生徒を指導して半年あまりがたった。地道な活動を繰り返し、高度な成果が得られることを証明してくれた彼らを誇りに思う。

未来の科学者へ

実際に水害に遭った地元民ならではのなかなか面白いテーマ

　郷土の景勝地として知られる加古川の闘竜灘は、その独特の地形ゆえに大雨時には氾濫を起こし、水害をもたらす原因となっている。その地形の成因を明らかにしようというのは、実際に水害に遭った地元民ならではのなかなか面白いテーマである。身の回りにある自然は年月をかけ、様々な事象を経てそこに存在する。現在そこに存在する事で現在の意味をもつが、過去ずっとそうだった訳ではない。現在の姿がどのようにして出来上がったのか、その形成過程を考えることは自然史研究では大変重要である。

　この論文では、序論でこの研究の動機と背景、これまでに行われた関連研究が引用を伴って紹介されているため、本論が地学のやや専門的な内容であるにも関わらず、興味をもってスムーズに読み始めることができる。本論では、基礎データとなる露頭の観察と薄片の顕微鏡観察が十分になされ、理解を助ける適切な図表と共にきちんと記載されている。地質調査と採集した岩石から薄片を作成する作業は、手間と時間がかかる仕事であり、これを根気よくこなして、結果を出したことは評価に値する。これは、一次データの質を拠り所とする自然史研究ではとても大切な事である。考察とまとめでは、集めた一次データを一つ一つ丁寧に解釈し、それらを論理的に組み合わせて結論へと導かねばならないが、これが適切になされている。この作業では当該分野の経験と知識が必須であるが、この研究では教員のしっかりとした指導があったに違いない。この論文は、生徒と先生が一体となって行う身近な自然の学術研究の在り方を具現化したという点で意義があり、生徒諸君には自然の直接観察という一次データから出発する自然史研究のおもしろさを今後とも堪能してもらいたい。

（神奈川大学理学部　教授　金沢　謙一）

優秀賞論文

パズルゲームを解くアルゴリズム

渋谷教育学園渋谷高等学校
2年　齋藤主裕

＜本受賞論文の本文掲載について＞

　本論文は、海谷治彦教授のコメントにもあるように、委員の皆様の高評価を得て優秀賞を受賞いたしました。したがって、その内容、視点などは間違いなく、本論文大賞の評価に値するものです。しかし一方で、パズルゲームは本来、人が解いていくことを目的としてつくられたもので、本論文が本来の目的からはずれたことに応用される恐れがあるため、受賞論文の掲載は控えさせて頂くこととなりました。　　　　（編集委員会）

優秀賞論文

受賞のコメント

受賞者のコメント

自分のスキルの向上を実感し自信になった
●渋谷教育学園渋谷高等学校　2年　齋藤主裕

　今回、パズルゲームを解くアルゴリズムを考え、プログラムを作成し、その有効性を実証するという内容の論文を書いたが、実は過去にもこのテーマに挑んだことがある。当時の私は、友人と設立した学校のコンピュータクラブの活動の一環としてプログラミングを行っていたため、プログラムを作成するスキルはあった。しかし、アルゴリズムの知識はあまり有しておらず、パズルを解くアルゴリズムを思いつくことができずにあきらめてしまっていた。

　その後、人工知能の学習を進めたり、情報オリンピック等の競技プログラミングの大会に参加したりする過程で、アルゴリズムとデータ構造の知識を身につけ、再びこのテーマに挑んでみると、同じパズルを解くことを目的とした既存のソフトウェアの性能を超えたものを作ることができた。このことは、自分のスキルの向上を実感し、自信になった。また研究をする過程で行った思考、検証（実装）計測・解析、改善の一連の流れは、とても良い経験になった。

　今回の研究は他のテーマに比べ趣味の色の濃いものであったが、このような学術的なコンクールで評価していただいたことを大変嬉しく思う。最後に、助言してくださったすべての方々に厚くお礼を申し上げたい。また、論文執筆の監督を担当してくださった前田由紀先生には、専門外の分野であるにもかかわらず、さまざまな面で支援していただいた。この場を借りて感謝の意を表したい。

指導教員のコメント

将来がとても楽しみな「未来の科学者」
●渋谷教育学園渋谷高等学校　司書教諭　前田由紀

　本校の校訓の1つは、「自ら調べ、自ら考える」で、高校1年から高校2

● 優秀賞論文

年にかけて、学年すべての生徒に「自調自考論文」という1万2千字以上の論文を書くことが課せられる。テーマは、自由で、生徒14、5名を教員1名が担当するゼミ形式である。中間報告を2回するなどゼミ仲間同士で意見交換が行われる。

齋藤君は、最初「自分なりのAI（人工頭脳）を作りたい」ということだったが、具体的に何をするかがなかなか決まらなかった。学校では卒業生の主に大学院生が、ライティングセンターと称して、相談にのってくれる機会がある。齋藤君は、大学院を出て社会人になったばかりの先輩、藤垣洋平さんからいろいろとアドバイスを受けた。そして、ようやく身近なゲームの解析にたどり着いた。このテーマに決まるやいなや集中力は凄まじく一気に書き上げた。

ゼミ内でのプレゼンでも実際のプログラミングを動画で示しゼミ生を驚かせた。校内でも優秀論文に選ばれたのだが、「アルゴリズムとは何か」を料理に例えて、目的を達成するための最も効率的な手順を面白く説明し全校生徒の注目を集めた。

論文の書き方、参考文献の書き方などを主に私は指導したが、内容については、理科の田部井一浩先生、大谷昌央先生、海野正司先生、そして学校OBの藤垣さんに助言していただいた。心から感謝申し上げたい。

齋藤君は、コンピューター部の部長としても活躍し、他校との勉強会の企画を立ち上げたり、プログラミング講座を開講して後輩を熱心に指導したり、校外のコンクールに積極的に参加したり自発的に行動する生徒である。2015年には国際情報オリンピック日本代表候補にも選ばれた。将来がとても楽しみな「未来の科学者」である。

未来の科学者へ

ゲームに深く興味を持った点を評価

　今日では、若者を含め多くの人が、通勤や通学途中に携帯電話やスマートフォンでゲームを楽しんでいるのを見かける。多くの高校生は単にゲームを楽しみ、時間つぶしをして終りとなるが、受賞者は、そこから一歩踏み込んで、深く興味を持った点をまず評価したい。

　そして、単にパズルゲームを解くためのアルゴリズムをみつけ、それを試してみたというだけでなく、適用可能な複数のアルゴリズムを比較・検討し、適用実験を通して、それらアルゴリズムを系統的に比較している点も評価したい。なぜなら、科学的な研究では、類似した手法を比較し優劣を議論することが重要となるからである。

　私の知る限り、高校での標準的なプログラミングや情報科学に関する学習だけでは、本論文のような研究を開始する動機や糸口を得られない。また、たとえ研究動機があったとしても、ある程度のプログラミング能力が無ければ、本研究を実施することはできない。著者である高校生自身のセンスや技術に加え、著者を指導した教員の適切な指導や情報提供が、これらの問題点を解決した点も評価したい。

　科学技術論文としての構成や文章記述については、改善の余地がある。しかし、論文の記述テクニックについては、今後、大学等に進学後に習得すればよいことである。改めて書くまでも無く、今日の社会生活における数多くの活動にコンピュータが関与している。今回のパズルを解くという活動と同様に、多種多様な活動に目を向け、ソフトウェアの利活用に関する研究を行うことを期待したい。

　　　　　　　　　　　　　　　　（神奈川大学理学部　教授　海谷 治彦）

努力賞論文

小惑星の試料回収は「投網」方式で
（原題：自作装置を使用した小惑星模擬試料回収実験）

茗溪学園高等学校
2年　阪口 友貴

取り組みの動機

1　研究のきっかけ

　私は以前から、小惑星探査機「はやぶさ」に興味があった。「はやぶさ」が手がけたような小惑星探査は新しい分野であり、また夢のある分野であると思ったからである。そしてその小惑星探査の一部である試料回収に使用する装置のように、決まった設計図のないものを、一から作ることはとても面白いと考えている。

2　研究の背景

　小惑星探査機の試料回収装置は、小惑星という地球から遠く離れたところで試料を回収する装置であり、その目的は、惑星や小惑星の成り立ちや太陽系誕生のなぞについて調べることにある。また、これらの試料を分析することにより、生命起源の解明にもつながるような重要な情報をもたらすことが期待されている。

　2014年8月時点では、「はやぶさ」が持ち帰ってきた試料により、「イトカワ」はあと10億年ほどで消滅してしまうことや、イトカワの属しているS型小惑星がコンドライト隕石という物の元であるということなどがわかった。「はやぶさ」では、弾丸方式といわれる方法を使用している。「はや

ぶさ2」にも同様の試料回収装置が付いている。特徴としては、どのような小惑星表面状態にも対応できるという点が挙げられている。

そこで、従来行われていたオールラウンダーな回収装置というだけでなく、今後要望が高まってくると考えられている回収量の増加にも対応することのできる回収装置を提案・制作することにした。

実験の内容

本研究では、以下の実験を行った。
- 【実験1】試料回収装置を試作
- 【実験2】動力を統一
- 【実験3】回収量増加の工夫

以下、各実験について具体的に述べる。

1 【実験1】

まず、汚染の少なさ、回収量の多さ、機構の単純性を評価基準として、実験する試料回収方式を検討し、投網（とあみ）方式とわしづかみ方式について実験することにした。実験は地上で行うものとし、小惑星で行うための模擬実験という位置づけである。本研究では、試料回収量を推定するために小惑星の表面に見立てた地面に対し試料回収実験を行った。

【実験1】では投網方式、わしづかみ方式の模型を制作し、採集表面が砂である場合と小石である場合のそれぞれについて、得られた試料の量を計測した。

【実験1】より、試料回収量は、実際に試料回収を行う小惑星の表面状態に大きく依存することがわかった。投網方式においては、砂と小石の時に大きな差が出た。原因としては、回収装置の接地部分が平らであることが1つの大きな要因であるといえる。また、砂の場合、一定の角度を超えると回収量が減少し、小石の場合は一定の角度がないと小石に接地面がはじかれてしまい回収量が増えないことが判明した。ただし、動力が人力であるため、2つの異なる機械を同じ条件で比較することができず、改善の余

地がある。その他の改善点としては、①接地部分の形の変更、②微小重力下において飛び散ることの防止のために上部にも網を設置すること、③回収装置の後部に推進装置があるとよいことなどである。

　わしづかみ方式においては、明らかなパワー不足が原因で回収量が増えなかった。アームの先端に対する力のかかり方が不安定なために安定感が足りないと考えた。また、砂の場合も小石の場合もアームが重さに負けている。そして、投網方式に比べ全体的に角度が浅くなるということもわかった。改善点としては、①しくみの大幅な改善、②動力源の強化、③接地部分の形の変更が必要になると考えた。

2　【実験2】

　実験では、投網方式およびわしづかみ方式の動力を同じ条件（モーター、ギアボックス、単3電池2個）に変更した。この追加実験では投網方式のみデータを採取した。

　結果、試料の回収量は【実験1】の投網方式に比べて大幅に減少した。原因としては、①動力が人力からモーターに変わり弱くなったこと、②動力をモーターに変えた際に力を加える方向が変わったことなどがある。また、小石での実験データから、下向きの力が弱くなり、回収装置の接地部がはじかれてしまっていることがわかった。小惑星のような微小重力下においては、下向きの力が弱いという問題点は致命的なミスに繋がると考えた。さらに、【実験1】と同様、試料回収量と接地部の角度には大きな関係があることがわかった。

　次に、わしづかみ方式と投網方式の比較を行った。1cm当たりの回収量を比べると、投網方式の方が回収量の多さは見込めると考える。改善点としては、どちらの方式も小石に対する弱さが問題である。

　投網方式の改善方法としては、①動力の強化、②回収装置に下向きの力を出すための推進装置の設置、③接地部の形の変更が考えられた。

　わしづかみ方式の改善方法としては、【実験1】と同様に、①動力の強化、②接地部の形の変更などがある。

3　【実験3】

　【実験1】、【実験2】を基に、改良を加えた試料回収装置を設計・制作し、

回収量の増加を目指した。

投網方式に関しては、回収装置の前方へ事前にターゲットマーカーを投下し、最後にターゲットマーカーを使用し、回収装置にふたをするという方法で、回収量の増加に挑戦した。また接地部の形も直線から凹凸の形に変更した。実験は、①ターゲットマーカーだけを追加したもの、②凹凸の接地部だけを改善したもの、③どちらも改善したものを行った。

わしづかみ方式に関しては、試料回収方法に変更を加えた。ここまでの回収方法は、一度で試料を回収していたのに対して、今後は3回開閉を繰り返すことで、少しずつ掘り進むことにすれば、負荷を軽減することができるようになると考えた。また、接地部も投網方式と同様に凹凸の形に変更した。実験は、①3回開閉だけを追加したもの、②凹凸の接地部だけを改善したもの、③どちらも改善したものを行った。

図1～図3に回収装置の設計図、および実際に制作した回収装置を示す。

図1　実際に制作した新しい投網方式

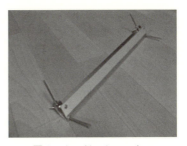

図2　ターゲットマーカー

図3　実際に制作した新しいわしづかみ方式

以下に、【実験3】の結果を示す。

まず、ここまでの実験の結果を総合的に判断するために、回収方法ごとに**表1**、**表2**にまとめた。なお回収量は平均の1cm当たりの質量［g］とする。砂地の場合、投網方式の40°のデータと他のデータの間に有意差が認められるのかを調べるためにt検定を行った。有意水準は1%に設定した([1])。また、小石の場合、投網方式の60°のデータと他のデータとの間に有意差が認められるかということについても、砂の場合と同様に有意差を1%に設定してt検定を行った([2])。なお、表に示すデータは、10回の測定の平均値である。

試料回収量の増加は、どちらの回収方法も砂からの採集の場合に関しては認めることができるものの、小石からの採集の場合は認めることができ

表1　投網方式に関するデータ

	砂20°	砂40°	砂60°	小石20°	小石40°	小石60°
①実験1	12 g	20 g	16 g	1.5 g	2.8 g	3.3 g
②実験2	3.4 g	6.7 g	4.9 g	0.1 g	0.3 g	0.8 g
③ターゲットマーカーのみを追加して行った実験	3.9 g	6.9 g	4.6 g	0.1 g	0.2 g	1.1 g
④接地部の凹凸のみを追加して行った実験	4.5 g	7.1 g	4.5 g	0.1 g	0.1 g	0.6 g
⑤両方の改善を追加した実験	4.6 g^1	7.4 g	4.7 g^1	0.1 g^2	0.2 g^2	0.7 g

表2　わしづかみ方式に関するデータ

	砂10°	砂20°	砂30°	小石10°	小石20°	小石30°
①実験1	2.7 g	1.0 g	0 g	0.3 g	0 g	0 g
②3回開閉のみを追加して行った実験	3.2 g	2.1 g	0 g	0.5 g	0.1 g	0 g
③接地部の凹凸のみを追加して行った実験	3.1 g	2.1 g	0 g	0.4 g	0 g	0 g
④両方の改善を追加した実験	3.5 g^1	2.4 g^1	0 g^1	0.5 g	0 g^2	0 g^2

ない。また、ここまでの実験で見えてきた角度と回収量との関係は【実験3】においても成り立っていると考えた。

　投網方式に関しては、回収量の多さは期待できる。ただし、データからわかるように、小石の場合は、はじかれてしまうという点は大きな問題である。接地部を凹凸にした場合は、よりメリット・デメリットが明確になると考えた。採集地の条件により回収量が大きく変化してしまう点はあまり良いとは言えない。ターゲットマーカーの使用に関してはあまり意味をなさなかった。原因は、採集地が必ずしも平らでないからである。

　わしづかみ方式に関してはあまり回収量は期待できない。また、投網方式と同様に小石の場合は、はじかれてしまうという弱さがある。今回の実験で施した２つの改善点は、砂の場合には力を発揮するものの、小石の場合にはあまり意味をなしていないことがうかがえた。これは、アームが完全には閉まらないことが一番の要因であり、その解決法は動力の強化である。

　実験方法としては、接地部の凹凸のつけ方に問題があった。今回は本体の下に凹凸をつけたのだが、回収装置下部の板そのものに凹凸をつけたものにすることで、回収量の一層の増加や、小石の採集への対応ができるようになると考えた。

結　論

　今回の目的は、オールラウンダーかつ回収量の増加にも対応することのできる回収装置を制作することであった。今回の実験では、小惑星の地表面に見立てた２種類の模擬試料を回収する実験を複数回行い、t検定を用いた分析の結果、投網方式における回収量は他の方法と比べて多いことがわかった。結論として、今後必要とされる新たな試料回収装置の回収方法として、投網方式が優れていること、また、地表面への着地の状況によって回収量が変化することがわかった。

【謝　辞】
　まず、最初に親身になってサポートしてくださった中村泰輔先生、研究の最初でつまずいた時に正しい道に導いてくださったJAXA宇宙科学研究所の矢野創先生、そして家族や私の研究に協力してくださったすべての方に感謝を申し上げる。研究というものは周囲のサポートがあってこそできるものだと気付かされた。また、研究を全力でできたこの経験は、自分を成長させる大きな糧となると思う。
　今後は自分の学んだことを活かして、お世話になった皆さんに恩返しをできるようこれからも勉学を含め、あらゆることに挑戦し、世界に羽ばたける研究者になっていきたいと思う。

[参考文献]

1) 川口淳一郎、『小惑星探査機「はやぶさ」の超技術―プロジェクト立ち上げから帰還までの全記録　第1版』、講談社、2011、p.390
2) 矢野創、『星のかけらを採りにいく―宇宙塵と小惑星探査　第1版』、岩波書店、2012、p.234
3) 宇宙航空研究開発機構「はやぶさ2プロジェクトの事前評価質問に対する回答」、http://www.mext.go.jp/b_menu/shingi/uchuu/016/002/gijiroku/__icsFiles/afieldfile/2011/07/08/1308143_6.pdf、(2013年10月19日).
4) 野口高明、矢野創、「次期小惑星探査のサンプリング機構開発について」、http://whyme.geol.sci.hiroshima-u.ac.jp/~geochem/ICRR_meeting/pdf050711/Noguchi.pdf、(2013年10月20日確認).
5) 岡本千里ほか、「はやぶさ2における小惑星模擬試料回収実験」、www.isas.ac.jp/j/researchers/symp/2014/image/0227_plasma_proc/31.pdf、(2014年7月22日確認).

●努力賞論文

受賞のコメント

受賞者のコメント

行動することの大切さ

●茗溪学園高等学校　2年　阪口 友貴

　このような賞を受賞することができ、本当に嬉しく思っています。

　私は、この研究を行うにあたり、意識してきたことがあります。それは、"挑戦"することです。研究素人の私には、すべてが初めての物事でした。わからないことがあったら、まず行動を起こすこと。それは、問題解決につながると同時に、今は、自分の強みでもあると思っています。また、本研究においても、その行動は、十分発揮できたのではないかと考えます。

　運動部ということもあり、研究は正直大変でした。そんな中、途中で挫折せず、最後まで成し遂げられたのは、多くの方の協力のおかげです。大学に入ってからも、今回の経験を活かし、自分の夢に向かって挑戦をし続けたいと思います。

指導教員のコメント

受賞はまさに阪口君の努力の賜物

●茗溪学園高等学校　教諭　中村 泰輔

　阪口君は、研究テーマの構想を持ってきた頃から大変前向きでした。将来につなげるために研究をしたいという動機が明確であり、研究を通して今後につながるものを得たいという意欲にもあふれていました。

　阪口君は運動部に所属しており、なかなか時間がとれませんでしたが、その中でもわずかな時間に実験機材の制作を進めたり、休み時間に私の所に駆けつけてきては、実験結果の解釈や研究の方向性について、自分の考えを述べた上で、私との意見交換を積み重ねたりしていました。

　阪口君の主体的かつ積極的に動く姿勢、考える姿勢を、後輩たちにも見習って欲しいと思います。受賞はまさに阪口君の努力の賜物であり、心から拍手を送りたいと思います。

未来の科学者へ

宇宙への熱い想いが充分に伝わってくる

　2014年は「はやぶさ2」が打ち上げられ、日本の宇宙探査史に新たな一歩が刻まれつつある。はやぶさ2の使命の一つは、より始原的な太陽系天体からのサンプルリターンである。これは我々の太陽系の起源、ひいては生命の起源の解明につながると期待されている。

　今回、小惑星模擬試料回収装置を高校生が自作したという論文を拝見し、世代を超えて宇宙への熱い想いを共有できていることを改めてうれしく感じた。論文そのものも、その熱い想いが充分に伝わってくるものであった。

　ただし、テーマ設定が壮大過ぎて、実際に行った研究開発成果がそれに追いついてないと言える。もちろん、高校生ということを鑑みても、その解離を指摘せざるを得ない。壮大なテーマをもう少しかみ砕いて、もう少し具体的に等身大＋αのテーマ設定とすればよかったように思う。また、できるだけ網羅的に検討をしようと試みている様子は見受けられるが、それぞれの評価・解釈が恣意的であり（たとえば表1の星取表など）、論文としてはそこが弱い点である。また、厳しいコメントであるが、実際の宇宙探査機開発は、無重力下だけではなく、真空、低温等の極端な環境下で行われるものであり、そこで絶対に故障しない高い信頼性を求められるため、高校生にはまだ想像できない世界であると思われる。詳細は略すが、検討不十分な点が多数散見された。

　ともあれ、科学論文のフォーマットにできるだけ沿うように記述されており、その点の努力の跡もうかがえる。また、やはり全般的に著者の熱い想いが伝わってくる点は前向きに評価したい。今後もその想いを胸に、世界の中で日本のプレゼンスを示すことの出来る研究者になることを期待している。

（神奈川大学理学部　特別助教　本田　充彦）

●努力賞論文

イルミネーションの不思議な筋の正体
(原題：点光源から放射状の筋が見えるのはなぜか)

群馬県立前橋女子高等学校
2年　東野 優里香

研究の目的

　ある日の夜、最寄の駅に降りた私はふと駅前のイルミネーションに目を止めた。「きれいだな！」と目を凝らしているうちに、イルミネーションの光が徐々に放射状に筋が広がっているように見えてきた。このような筋は太陽や星、信号などで確かに眼にしたことがあった。カバンの中から眼鏡を取り出し、もう一度見たところ裸眼の時とは筋の見え方が違って見えた。
　そこで、この放射状に広がる筋は何か、そして裸眼と眼鏡をかけた時の見え方がなぜ異なるのかを検証することにした。

統計調査

　私には放射状の筋が見えているが、果たして他の人にも放射状の筋が見えているのか、大きさに着目して同学年50名に調査を行った。
　厚紙に6つの同心円を等間隔に書き、中心から1～6の番号をふり、その外側を7とし、同心円の中心に豆電球をさす。放射状の筋が最大・最小でどの円周上に近いか暗室で観察してもらった（図1、図2）。

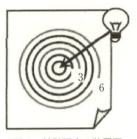
図1　統計調査の装置図

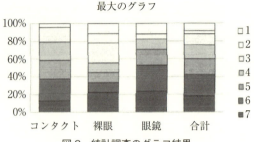
図2　統計調査のグラフ結果

【わかったこと】
・大多数の人には見えている。
・大きさには個人差がある。
・裸眼の人には見えづらい。

先行研究の紹介

「第56回日本学生科学賞内閣総理大臣賞　電球から見える光の線の研究」によると、放射状の光の原因は、①まつげと②角膜に刻まれた同心円状のくぼみ、とあった。この論文では主に①まつげが原因と言及されていたので、暗室でまつげをおさえて点光源を観察してみたが、あまり変化を感じなかった。よって、まつげは一因かもしれないが、主な原因ではないと考えられる。

予備実験

まつげではないなら、いったいいつ放射状の筋ができるのか、4つの段階を考えた。①光源から光が出る瞬間、②光が空気中を移動する間、③眼の内を光が通過する間、④脳に情報を伝達する間。①、②は光の性質であるが、③、④なら人間の側に原因がある。

そこでさまざまな条件下で点光源がどのように見えるか調べた。
使用器具：豆電球、スタンド、スケッチ用写真、ペン、筆記用具。

(1) ペン先で光源の光を視界から遮る

　左眼で放射状の光を観察しながら、手元のペン先で点光源を隠した。その結果、ペン先が点光源を隠した瞬間、点光源と同時に放射状の光が見えなくなった（図3）。したがって、光源からペン先を結ぶところまでは放射状の筋が発生していないといえる。よって、③、④の人間が原因ではないか。

(2) 裸眼時の左眼と右眼の比較

　裸眼で見えた放射状の光は左右非対称であり、左眼なら左側、右眼なら右側の光の筋点線状になっていて、その反対側の光の筋の方が太くはっきりとしているが、数は少ない。一方、右眼で観察した場合と左眼で観察した場合においてほぼ左右対称のスケッチとなっている（図4）。したがって、眼の構造の影響を受けていると考えられるので、③眼の内部が原因ではないか。

図3　手元のペン先で点光源を隠した時の様子

図4　裸眼時の左眼（左）と右眼（右）

図5　電気スタンドを視界に入れながら観察した時の様子

(3) 電気スタンドの光を視界の端に入れながら豆電球の光を観察

手元に電気スタンドを置き、視界に電気スタンドの光が入るようにする。電気スタンドの光の明るさを調節しながら、左眼で放射状の光を観察する。

その結果、電気スタンドの光を徐々に強くすると、すなわち、周囲が明るくなると放射状の光の筋が見えなくなっていった。周囲が暗い時、瞳孔は開くので瞳孔が開いているほど放射状の光は見えやすくなり、瞳孔が閉じているほど放射状の光が見えづらくなるといえる（**図5**）。

したがって、眼の構造でも特に「瞳孔の構造」が大きく関わっていると考えられる。この時、点光源からある方向に筋が見えるということから、何らかの異方性がカギになっているのではないだろうか。

そこで、瞳孔周辺の目の構造について文献調査をした。すると、瞳孔は主に「瞳孔括約筋」と「瞳孔散大筋」という2つの筋肉で動いていることがわかった。括約筋は虹彩をリング状に囲む輪ゴムのような筋肉で、散大筋は括約筋周辺を放射線状に囲む筋肉である。散大筋の「放射線状」の構造と、「放射状に筋が見える」ことに何らかの関係があるのではないかと考え、瞳孔散大筋の動きに着目した。

仮説の設定 I

仮説 I　瞳孔多角形説：瞳孔が開いている時の方が、放射状の光の筋が見

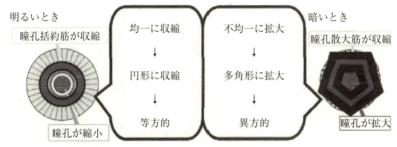

	明るい	暗い
瞳孔	縮小	拡大
瞳孔括約筋	収縮	弛緩
瞳孔散大筋	弛緩	収縮

図６　瞳孔散大筋と瞳孔括約筋の関係

図７　瞳孔の収縮拡大

えやすいことから、瞳孔散大筋の収縮時に瞳孔が不規則な多角形となり、多角形の各辺で光の回折が起こるのではないかと考えた（**図６**、**図７**）。

瞳孔が開いている時、瞳孔散大筋が収縮し、瞳孔括約筋が弛緩する。その時、瞳孔散大筋は放射線状に広がる筋肉なので、放射線状に瞳孔括約筋を引っ張るために、引っ張った部分に角ができ、不規則な多角形となり、その各辺で光の回折が起こると考える。逆に瞳孔散大筋が弛緩し、瞳孔括約筋が収縮する時は、瞳孔の形が円に近づくと考えた。ここで、光の回折という現象は、ある波がある穴を通る際、その波長よりも穴の大きさが十分小さい時に、その穴を中心として、波が同心円状に広がる現象である。

【研究方法Ⅰ】

今回の研究テーマである「見え方」には主観が入ってしまうため必要十分な検証を行うことができない。そこで、人間の眼を再現した実験器具を用いて「瞳孔が多角形であれば回折光が生じる」ことを確かめた。

使用器具：カメラ（NIKON D60）、三脚、豆電球、スタンド、光学台、多角形に切り抜いた紙（三角形、正方形、正五角形、正六角形、円）、凸レンズ、スリットを入れた紙。

(1) 光源と凸レンズの間に、多角形に切り抜いた画用紙を置き、凸レンズの向こう側にあるスクリーンに回折光が写るか調べる
(2) 凸レンズの上に多角形に切り抜いた紙を乗せ、光を集めて、集めた光に回折光が写っているか確かめる
(3) カメラの前に、スリットを入れた紙を置き、そのスリット越しに撮影する
(4) カメラで絞りを用いて撮影する

【研究結果Ⅰ】
(1)(2) 回折光は観察できなかった
(3) スリットに対し垂直に回折光が得られた
(4) カメラで絞りを用いて撮影する

　7枚羽の絞りだったので、絞りを最も強くした時、正七角形のレンズから14本の回折光が撮影できた。

　絞りをきつくするほど明瞭な回折光が得られ、絞りを緩くするほど薄く本数の多い回折光が得られる（**図8**）。

【考　察Ⅰ】
　(4)より、人間の眼は周囲が暗い時に限りなく正円に近い多角形になると思われるので、図8の右写真よりも更に細かく、不明瞭な回折光が発生すると考えられる。

　回折光が発生することは確かめられはしたが、4つすべてで確認できたわけではない。したがってこの仮説は部分的に正しいが、回折だけでは

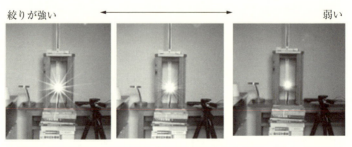

図8　絞りを変えた時の写真（※絞り値は左から f/25、f/14、f/5.6。露出時間は左から2秒、1/2秒、1/20秒。焦点距離は3枚とも55 mm）

「放射状の筋」としてはっきり見えるとは考えにくい。

よって、この仮説では不十分と考え、この弱い回折現象を強調するものはないか、調査した。

群馬大学医学部の図書館へ行き、文献調査を行った。

瞳孔の半径の大きさは、通常約2～4mmといわれており、加齢とともに小さくなっていく傾向がある。また、最も良好な視力が得られるのは、この大きさが2.4mmの時であり、これは光の回折の影響を考慮している。今回の文献調査では、実際に瞳孔が多角形であるという記述は見当たらなかったが、瞳孔が完璧な円ではないことや、瞳孔のふちは細胞隣接部分が幾分陥凹しているので、全体として放射状のひだが多数あることが確かめられた。このひだも、光の見え方の異方性に関わっていると考えられる。また、調査を進めていくと、「単色光が眼の中で点結合しない理由」という文献が見つかり、その中に「光の回折」と「球面収差」が挙げられていた。

球面収差は、瞳孔の大きさの影響を受ける現象である。そこでこの球面収差も原因として考えられると思い、球面収差に関する仮説を立てた。

仮説の設定Ⅱ

仮説Ⅱ　球面収差説：瞳孔が開いている時の方が放射状の筋を確認しやすいことから、球面収差の影響が大きいほど、放射状の筋が見えやすいのではないか、と考えた（図9）。

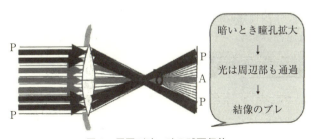

図9　周囲が暗い時の球面収差

球面収差とは、光が平行線として眼内に入った場合、周辺部の光は相対的に屈折面に近い位置で結像する現象のことである。一般的に、人間の眼のレンズの厚さは、遠いものを見るか、近いものを見るかで変化する。同じ一点を観察している場合は、レンズの厚さは不変と考えられるので、周囲が明るいかどうかはレンズの厚さには関係ないと考えられる。したがって、周囲の明暗によって瞳孔が収縮、拡大する際、光の通る幅のみが変化するのではないかと考えた。
　瞳孔が開いている、つまり周囲が暗い時は、光はレンズの両端近くまでを通るため、球面収差の影響を受けやすいのではないだろうか。
　しかし、この仮説Ⅱでは像が全体的に拡大するだけであり、筋の発生という異方性は説明できない。そこで、仮説ⅠとⅡを足し合わせて考えた。
仮説Ⅰ＋Ⅱ　周囲が暗いと瞳孔散大筋が収縮し瞳孔が多角形に拡大する。その際、各辺で弱い回折光が発生し、水晶体の周辺部に光が入射することで球面収差が生じ、弱い回折光が拡大する（**図10**）。

【研究方法Ⅱ】
　球面収差は、瞳孔の大きさが大きいほど、より強い影響を及ぼすことを確かめるために、1ミリ、2ミリ、3ミリ、…、9ミリ、10ミリの穴をあけた画用紙越しに暗室で豆電球を観察してもらい、穴の大きさごとに、放射状の筋がどこまで広がって見えているか調査する。
　使用器具：豆電球、三脚、厚紙、眼鏡、コンタクト。
　これから検証する予定である。

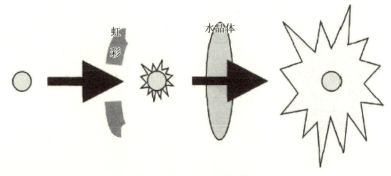

図10　回折光の拡大の様子

[参考文献]

1) 田野保雄 監修、新家真、石橋達朗、小口芳久、木下茂、中村泰久、望月学、若倉雅登 編、『新図説臨床眼科講座（6）加齢と眼』、メジカルビュー社、1999
2) 大鹿哲郎 編、『眼科プラクティス（6）眼科臨床に必要な解剖生理』、文光堂、2005
3) 丸尾敏夫、臼井正彦、本田孔士、田野保雄 編、『眼科学』、文光堂、2002
4) 「高等学校理科用教科書（生物）」数研出版
5) 「高等学校理科用教科書（物理）」数研出版
6) 新潟市立白新中学校、遠藤莉理、「電球から見える光の線の研究」、第56回日本学生科学賞　内閣総理大臣賞、2012

受賞のコメント

受賞者のコメント

見え方がずいぶん違うことに驚き
●群馬県立前橋女子高等学校
2年　東野 優里香

　研究テーマはとても悩んで決めたので、入賞して素直に嬉しいです。この研究は、人の感覚を通しているものなので、仮説を完全に正しいといえる実験はできないところが非常に難しかったです。また、この研究のため、様々な人に光の筋の見え方を聞いてみたのですが、個々で見え方がずいぶん違うことに驚きました。

　同じものを見ているのに、個々が認識しているものが違うのなら、私が普段何気なく見ているものにほかの人は感動を覚えたり、その逆もあって当然だなと思いました。

　普段の何気ないものにも、意外と深い理由がある、ということの一例がこの研究だと思うので、周囲の様々なことに関心を持っていきたいです。

指導教員のコメント

引き続きの更なる探究活動に期待
●群馬県立前橋女子高等学校　教諭　茂木 孝浩

　本研究はヒトの視覚に関する問題であり、客観的な分析や比較が難しい上、個人差や主観による不確定性が大きく、確実な結論に辿り着くことは極めて困難である。しかしながら、彼女は自らの疑問に正面から向き合い、様々な実験や調査を試みながら一歩一歩真実に近付く努力を重ねてきた。

　ともすると一足飛びに結論を断じてしまいがちな高校生の研究において、複数の予備実験から最初の仮説を導き、仮説の検証を進める中で仮説を修正していく慎重な研究姿勢は、この困難な問題において重要な態度であると思われる。

　仮説は次第に洗練されてきたものの、まだまだ未知なる要素も多く、引き続き更なる探究活動が期待される。

努力賞論文

未来の科学者へ

研究を続けることで新たな発見と著者の成長が期待できる

　本論文は、点光源から光が筋状に放射されるように見えるのは何故だろう、という日常の経験で生じた素朴な疑問を扱っている。多くの人が見知っている現象で、高校で学ぶ物理の知識を生かしており、テーマとして適切である。

　研究の進め方は、光の筋ができる原因を推測し、その仮説の正否を対照実験を利用して確かめる、という基本に忠実なものであり、学校の設備を駆使した実験に工夫が見られる点も高く評価できる。なかでも、裸眼と眼鏡着用時で光の見え方が異なる、という点に着目したのはおもしろく感じたので、研究内容に取り入れられていないのは残念だった。今後の検証として予定はされているものの、切抜きの大きさなど段階を変えてデータを集めて、実験条件の選択を系統立てるとさらに良かった。

　プレゼンテーションに関しては、改善の余地がある。図や写真を多く使用するのは評価できるが、小さくわかりにくい。文章表現も、まつげをおさえるとはどういうことか、予備実験（2）での光の筋の対称性が何を指しているかなど、わかりにくい部分が散見される。そして最大の問題は、実験条件の定量的な記述が無いことである。物理に限らず科学というものは、ただ単に「大きい」、「小さい」ではなく、○○ m、何々の××倍、といった数値による比較が欠かせない。光源、観測者、レンズ、ペン先、切抜き紙、スリット相互間の距離や切抜きの大きさおよびスリットの幅など、重要な情報が大幅に欠落しているのがもったいない。せっかく多様な実験を行ったのだから、これらを丁寧に記録して論文に反映させるべきである。

　仮説の検証結果を断定せず今後の展望にゆだねているので、是非さらに研究を深めて欲しい。考察内容も的確であり、続けていくことで新たな発見と著者の成長が期待できよう。

（神奈川大学理学部　准教授　長澤 倫康）

マメ科植物と根粒菌との損得関係
(原題：マメ科植物との共生における根粒菌側の利益についての解析)

横浜市立横浜サイエンスフロンティア高等学校
2年　西山 和華奈

研究のきっかけと目的

　植物の生育には大量の窒素栄養が必要であるが、真核生物は大気中の窒素ガス（N_2）を直接吸収することはできない。マメ科植物は N_2 をアンモニアに変換できる根粒菌と共生することで、窒素栄養を含まない土壌でも旺盛に成長することができる。したがってマメ科植物には、根粒菌との共生で明らかな利益がある。

　一方で根粒菌は、共生しなくても土壌中で増殖できる微生物である。共生している根粒菌はマメ科植物から光合成産物の提供を受けるが、同時にバクテロイド化という変化によって糖代謝や細胞分裂の能力を失ってしまう。そのような状態の根粒菌が再び土壌中で生息できるのかは明らかではなく、したがって共生により根粒菌に「種属としての繁栄」があるかは不明である。

　マメ科植物と根粒菌の共生では、植物側の利益は明確でありよく知られている一方で、根粒菌側の種の繁栄という面での利益は不明である。なぜなら根粒菌は共生すると、バクテロイドという細胞分裂も糖代謝もできない形になるとされており、これが元の状態に戻って再び土壌中で生きていけるかは判明していないからだ。しかし根粒菌とマメ科植物の共生の起源

は7000万年前であるといわれており、仮に根粒菌側に種の繁栄という点での利益がないとすれば、共生関係は現在まで続かないと考えられる。私はこの矛盾に興味をもち、「共生により根粒菌が増殖するかどうかを検証する」ための研究に取り組むことにした。

実験方法の確立

共生により根粒菌が増殖するかどうかを調べるためには、以下の問題点が考えられる。
①どうやって根粒菌を数えるか？
②雑菌と根粒菌を区別するにはどうするか？
③植物が共存しているだけの状態と、実際に共生している状態をどうやって比較するか？

このような共生の実験の先例が見当たらなかったため、1つひとつの実験系を自分で確立することにした。

1 根粒菌カウント方法の確立

根粒菌は数も多く小さすぎるので、肉眼で数を数えることは困難である。そこで私は、根粒菌を段階的に希釈してその溶液をプレートにスポットし、そこに形成されるコロニーの数から元のサンプル中の根粒菌の量を見積もることにした（図1）。

また最初に、液体培地で培養した根粒菌を使って最適な実験条件の探索を行った。根粒菌は通常、粘液質の物質を分泌するためにコロニー同士がくっつきやすく、数えるのがむずかしい。そこで数種類の培地を試して、数えるのに適切な培地を選んだ。また決定した培地において偶然、「カルシウムを入れ忘れると粘液物質がほとんど出ない」ことを発見した（図2）。

そこで目的の実験では、塩化カルシウムを入れない培地を使うことにした。また液体培地で培養した根粒菌を使って、実際にどれくらいの菌が含まれるかを調べながら練習を行うことで、同じサンプルから安定して数えられるようになった。

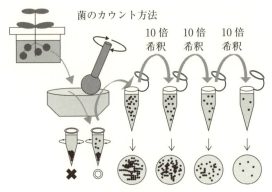

図1 根粒菌量測定方法

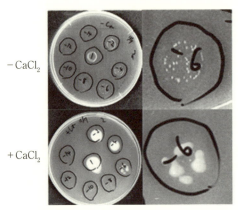

図2 YEM 培地の $CaCl_2$ の有無におけるコロニー形成の比較

2 菌数カウントに適した植物生育条件の確立

　土壌および植物の中にいる根粒菌を、雑菌と区別するのはむずかしい。そこで雑菌のいない環境で植物と根粒菌を育てることでこの問題を解決することにした。また、土壌全体に含まれる根粒菌を数えるためには、なるべく少ない土で育てることが理想である。その一方で、植物が正常に育ち、根粒菌が正常に共生するには一定量の土が必要だと思われる。そこで、**図3**のような容器の中の 15 mL のチューブに土を入れ加熱滅菌して、そこにあまり大きくならないマメ科植物であるミヤコグサの種を播種して育てた。チューブの中の土についても、なるべく少量で根粒を形成させる条件を検

図3 土量は左から3番目のチューブの1.5gに決定（左）と植物育成の環境（右）

証して、最終的に1.5gの土を使うことを決定した。

3 共生した状態と共生しない状態での根粒菌数の比較

　この研究は"共生によって根粒菌の数が増えるか"を検証することが目的であるので、比較対象物として「根粒菌は存在するが植物と共生しない状態」を作らなければならない。1つの方法は、植物を植えないで根粒菌のみを土に接種することであるが、それでは、共生しない状態で植物が根粒菌に与える影響を検証することができない。そこで基礎生物研究所の川口正代司教授から提供していただいた、「正常に生育できるが、共生できないミヤコグサの変異体（EMS）」という薬剤で遺伝子を破壊したものを使用することにした。

・根粒菌と正常に共生する野生型ミヤコグサ Gifu
・根粒菌との共生を全く始められないミヤコグサ変異体 *nfr1*
・根粒形成は正常だが窒素固定できないミヤコグサ変異体 *sen1*、*fen1*
・根粒が過剰についてしまうミヤコグサ変異体 *har1*

　前述の2、3の実験で決定した条件でミヤコグサを育てたところ、正常な共生をしている野性型ミヤコグサの Gifu は窒素栄養を含まない土壌中でも旺盛に生育しており、まったく共生しない *nfr1* 変異体や正常な窒素固定ができない *sen1*、*fen1* 変異体、さらには過剰な数の根粒が着生する *har1* 変異体では生育が悪かった（**図4**）。これは地上部の新鮮重のデータでも顕著

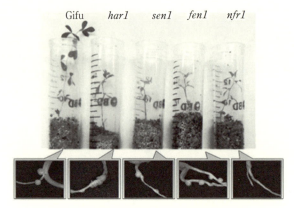

図4 同じ共生環境で育てた5種類の植物

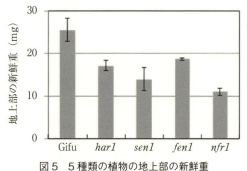

図5 5種類の植物の地上部の新鮮重

に裏づけられた（図5）。

結　果

1　植物の根から検出される根粒菌数の計測

　根粒菌を接種して27日目の植物の根から検出される根粒菌数を調べたところ、まったく共生しない *nfr1* 変異体と比較して、正常な共生を行う野性型の Gifu では明瞭に根粒菌が増加していた。また、意外なことに窒素固定

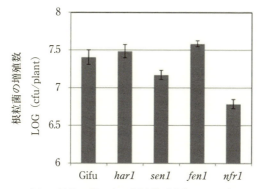

図6 植物の根の中の根粒菌（感染27日目）

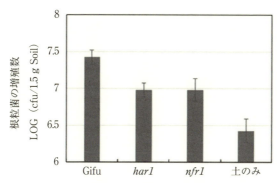

図7 土壌中から検出される根粒菌（感染27日目）

をまったく行わない *sen1* 変異体や *fen1* 変異体でも野性型の Gifu と同等の根粒菌が増殖していたことから、窒素固定の有無にかかわらず、根粒ができれば根粒菌は増えるということが明らかになった（**図6**）。

2 土壌中のカウント

今度は植物の根の周囲の土壌に注目して、土壌中に含まれる根粒菌を計測した。

その結果、野性型の Gifu では *nfr1* 変異体と比較して有意な根粒菌の増殖が観察された（**図7**）。その一方で、共生していないはずの *nfr1* 変異体も植物なしの土壌と比較して根粒菌が増殖していた。

以上の実験は、1つの実験対象につき3つ以上を用意し、誤差を求めた。

菌量の比較実験では比較対象物への t 検定による有意差も確認し、データが示すことの確実性を追求した。

考　察

　結果として、図6や図7に示すように、プレート上でコロニーを形成できる、つまり自分で増殖できる根粒菌が、共生によって増殖することを確認した。その一方で意外なことに、*fen1* や *sen1* 変異体のように窒素固定しない根粒がつく植物の根でも根粒菌の増殖が確認されたことから、根粒菌が増殖する条件に窒素固定の有無は関係しないと考えられる。しかしそれでは逆に植物の恩恵がない。それに窒素固定をしなくてもよいのであれば、土壌中の根粒菌は窒素固定をしないものが優先的に繁栄してしまって共生は7000万年も続かないだろう。したがって、窒素固定をする根粒菌が優先的に増えられる何らかのしくみが存在するはずだ。

　また土壌中の根粒菌は、共生しない *nfr1* 変異体が植えられている場合でもある程度は増殖していたことから、そもそも共生しなくても旺盛に育つ植物が存在すれば、根粒菌は増えることができると考えられる。私は、植物の根はなんらかの分泌物を出しており、それが結果的に根粒菌の増殖につながった可能性もあるのではないかと考えた。また根粒から根粒菌が解放される可能性もあることから、土壌中で根粒菌が増えるしくみは以下の2つの方法が考えられる。

　①共生していた根粒菌が、根粒から脱出する。
　②根の分泌物で、土の中の根粒菌が増える。
　②について自然界の土壌を考えると、根の分泌物により増殖する菌は根粒菌に限らないだろうと予想される。根粒菌がマメ科植物の成長を助けて結果的に根の分泌物を増やしても、他の菌に取られてしまうとなると、根粒菌は植物に捧げた献身の対価を受け取ることができないかもしれない。また植物としても、自分と共生してくれる根粒菌が繁栄した方が有利だ。そのため、何かしらの策で他の菌より根粒菌を増殖させようとする働きが

植物側にあるのではないかと考える。
(1) 根粒菌のみが利用できる物質を分泌する。
(2) 根粒菌以外の菌の生育を抑制するような物質を分泌する。
などの方法で、植物は根粒菌に利益を集中させているのではないかと私は考えた。

努力賞論文

受賞のコメント

受賞者のコメント

順調にいかないことの方が多かった

●横浜市立横浜サイエンスフロンティア高等学校
2年　西山 和華奈

研究を通して、植物も微生物も他者との複雑な共存社会性の中でたくましく生きている、という事実に気づいた。ただ教科書で学ぶこととは違うリアルなデータからの学びを得られたことが、この研究を終えてみた今、一番の収穫だったと思う。

実験には多くの時間と労力を費やしたが、順調にいかないことも多く、投げ出したくなることもあった。しかし、辛い単調な作業の末に想像を超える結果が得られた時の感動を、私は一生忘れられないと思う。私が不調の時も実験を支え、また一生懸命ていねいな指導をしてくださった顧問の先生方に、心から感謝している。

指導教員のコメント

並々ならぬ努力と集中力

●横浜市立横浜サイエンスフロンティア高等学校　教諭　矢部 重樹

根粒菌の数をカウントするといった先行研究がなかっただけに、菌のカウントをどのように行うか大変苦労した。培地の種類や培養時間など細かに条件を検討し、最適な条件を探索していった。再現性を確かめながら地道に実験系を確立していった本人の努力と集中力は、並々ならぬものである。それだけに、結果が出た時には大きな喜びであった。本受賞は本人にとって大きな自信につながっただろう。こうした充実と喜びを高校生で味わい、この先の進路に目標と自信をもって臨んでいってもらいたいと願う。

本研究を進めるにあたり、ご指導いただいた明治大学農学部中川知己博士に心より感謝する。

努力賞論文

未来の科学者へ

熱意と根気と注意深さが伝わる論文

　共生は生物間相互作用のひとつであるが、単細胞生物も含めて個体間でも集団間でも見られ、その諸相はさまざまである。根粒はその代表的なもののひとつであるが、宿主の植物も共生体の根粒菌も、本来の形や細胞機能を互いに変化させて共生関係を成立させている。この、まさに生命現象の妙とも言える根粒に興味を持った受賞者西山和華奈さんの研究に取り組む熱意が、そのポスター発表と論文から強く感じられた。根粒の形成が根粒菌の種としての繁栄にどのように関係しているのかという観点から、共生と根粒菌の増殖との関係を調べたのが西山さんの研究である。

　実験を始めるにあたって、根粒菌の計数法や宿主植物の栽培条件などを検討するなど、彼女の用意周到さと根気が認められる。カルシウムをたまたま入れ忘れた培地では粘液物質が生じず、細胞の凝集を防ぐことができ、菌の計数に都合が良いことを彼女は偶然に知ったが、そのことを見逃さずに実験に活かすことができる注意深さを彼女は持っているようだ。

　実験の結果、根粒菌は根粒を形成した場合に最も増殖したが、予期に反して、窒素固定活性や根粒形成の有無にかかわらず、宿主植物との「共存」によって程度の差はあれ、根粒菌の増殖が促進されることが示唆された。この結果から、彼女は宿主のミヤコグサから土壌中に分泌される何らかの化学物質が根粒菌の増殖を促すのであろうと推論した。この推論が正しいかどうか、そしてそのような化学物質が実際に存在するのかどうかはこれから検証しなければならない。今後の展開に期待する。

（神奈川大学理学部　教授　箸本 春樹）

春を告げる「カタクリ」の花の向きと斜面の関係
（原題：斜面に咲くカタクリの花の向き）

岐阜県立加茂高等学校　自然科学部
2年　田中 麻衣　長谷川 莉央　西尾 早奈恵　小木曽 博幸
伊佐次 司　大竹 優也　石原 朋弥　嶋口 瑞起　藤井 杏紀

研究の動機

　本校がある岐阜県美濃加茂市の隣に位置する可児市(かにし)の鳩吹山(はとぶきやま)にはカタクリ（片栗＝ *Erythronium japonicum* Decne）の群生地がある。カタクリの花を観察するために訪れた際に、カタクリの花がほぼ一方向に向かって咲いていることに気がついた。花の向きについてはヒマワリの例がよく知られている。しかし、花の向きについて研究した例は少ない[1]。そこで私たちは、カタクリの花は「斜面の傾斜方向を向いて咲くのではないか」と考え、研究を行った。

研究方法

(1) カタクリの群生地に、各辺が東西南北となるよう1m物差しを用いて四角の枠を設置し、真上から写真を撮影する。また、調査区画の斜面の走向と傾斜を、クリノメータ（方位磁石）を用いて測定する。
(2) 撮影した写真の枠組みの中にある花をひとつずつ北からどれだけ東に

傾いているかをクリノメータで測定する。そして、地面の傾斜方向と花の方向との関係をまとめる。
(3) まばらに自生している場所では、1つひとつ花の咲いている方角と、斜面の向いている方角と傾斜を測定する。

結　果

1　調査場所
　カタクリの調査は岐阜県内の4カ所5地点で行った。
【地点1】可児市土田大脇　鳩吹山北麓カタクリ群生地
　鳩吹山の北側、木曽川に面する山裾に広がるコナラを中心とした落葉広葉樹林の林床に群生する。群生地は東西約150 m、南北約50〜80 mの範囲。斜面は遊歩道付近の傾斜が10°程度であるが、斜面上方に向かって傾斜が大きくなる。北斜面でもあり、直接日射しは入らないが、カタクリの咲く時期は、林内は明るい。カタクリの密度は高く、群生する。
【地点2】富加町夕田　半布ヶ丘公園
　地点2-①
　カタクリは丘陵地の中の小さな谷の北向き斜面、縦15 m、幅30 mの範囲で、木は生えていない。斜面の傾斜は50°程度で急である。
　地点2-②
　地点2-①の植生地よりもやや北側の西斜面で、約15 m四方の狭い範囲で、周囲は落葉広葉樹などに囲まれたササや草がはえる草地となっている。カタクリの個体数は少ない。
【地点3】高山市清見町　大原カタクリ群生地
　東向きの斜面で南北約150 m、東西約40 mの範囲に群生する。直接日射しが当たる非常に明るい斜面となっている。傾斜は10〜30°程度。元は水田であった場所では傾斜が0〜10°程度である。
【地点4】高山市清見町大原カタクリ自生地
　カタクリ群生地の南東、道の駅「パスカル清見」などの施設の近くの山

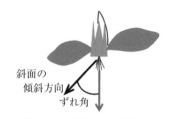

図1 花の向きと斜面の傾斜方向との関係

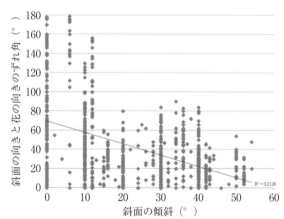

図2 斜面の向きと花の向きのずれ角の関係
(斜面の傾斜が大きいとカタクリの花は斜面方向を向いて咲く)

林、南北約 300 m、東西約 100 m の範囲の西向きの落葉広葉樹林内にまばらに自生する。林床に日射しは当たる。

2 花の向きと斜面の傾斜方向の関係

　カタクリの花を上から見下ろした時に、花が向いている方向を「花の向き」とする。この花の向き(方位)を、クリノメータを用いて測定した。測定した個体数は合計 780 個体に及んだ。

　カタクリの花の向き(方位)と斜面の傾斜方向とのずれ角を調べた(図1参照)。ずれの角の大きさは、絶対値とした。その結果、カタクリの花の向きは斜面の傾斜方向を向く傾向があり、斜面の傾斜が大きいほど、カタクリは斜面の傾斜方向を向くことがわかった(図2参照)。傾斜が 20° を超えると、ほぼずれ角は 80° 以内に収まる傾向があった。

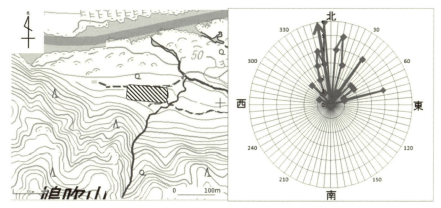

図 3　鳩吹山における斜面の傾斜方向と花の向き
（地図中の斜線部が調査地点。グラフの中央からの数値は個体数、矢印は斜面の傾斜方向）

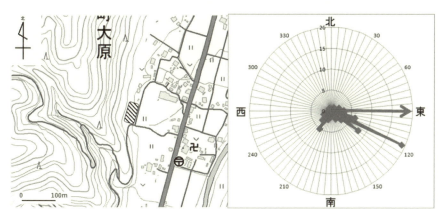

図 4　清見町における斜面の傾斜方向と花の向き。地図中の斜線部が調査地点
（グラフの中央からの数値は個体数、矢印は斜面の傾斜方向）

　各調査地点ではそれぞれの調査区画で斜面の傾斜が異なる。その中で同じ傾斜方向の調査区画に咲くカタクリの花の向きを調べると、どの地点でもおおよそ斜面の傾斜方向を向いているが完全には一致しない。詳しく調べると、可児市鳩吹山北麓（以下、鳩吹山）ではやや東に、富加町半布ヶ丘公園北斜面（以下、富加町）ではやや北に、高山市清見町大原（以下、清見町）ではやや南と、それぞれ少しずつずれている（図3、図4参照）。

考　察

1　斜面の傾斜方向とカタクリの花の向き

　カタクリの花は斜面の傾斜が水平に近い時はさまざまな方向を向くが、傾斜が20°程度では、ずれ角が80°以内、傾斜が50°では、ずれ角が60°以内と、傾斜が大きくなると傾斜方向を向くように咲く。カタクリなどの斜面に咲く花は、斜面の傾斜方位にかかわらず、斜面の傾斜方向を向いて咲く傾向があり、傾斜がきつい斜面ほど顕著であるとの報告がある[1]。今回の研究結果もこの報告を裏付ける結果となった。

2　斜面の傾斜方向とカタクリの花の向きのずれ

　カタクリの花がおおよそ斜面の傾斜方向を向くが、傾斜方向から少しずれる理由として、花の向きが明るい方角に向くことが考えられる。カタクリの花は林内でギャップ等が存在する場合、より開けた明るい方角に向いて咲いていることが報告されている[4]。鳩吹山では斜面の方向に対して、カタクリの花の向きは東へずれている。鳩吹山の地形は、調査地よりも西では、北側を流れる木曽川に向かって尾根がせり出し、東は平坦な地形が広がっている（図3）。

　富加町では、カタクリの花は斜面の傾斜方向よりやや西を向く。調査地は西に開いた小さな谷の北向き斜面である。清見町では、比較的広い南北方向の谷の東向きの斜面であり、カタクリの花は斜面の傾斜方向よりもやや南を向く（図4）。これら3地点でのカタクリの花の向きは斜面の傾斜方向から、地形の開けた方角に偏っていることから、明るい方角を向くように咲くことが推定される。

　また、富加町、清見町では花の向きは斜面の傾斜方向から地形の開けた方角に20～25°程度とそろっているが、鳩吹山は斜面の傾斜方向から90°までの範囲に分散している。この偏りの違いは、富加町、清見町はいずれも、カタクリ群生地を覆う樹木はなく、斜面に均等に光が届く環境であるのに対し、鳩吹山は落葉広葉樹林にカタクリが生えているため、生えてい

る場所によって明るさが違うことがあげられる。つまり、鳩吹山では全体としては地形の開けた方角へ偏って咲くが、花ごとでは明るい方角が異なるため、向きがそろいきれないといえる。

　また、数株がまとまって生えている場合には、株の塊の外側を向くように咲く。これも花の向きがそろわない原因となっている。他の個体の葉や花が近くにあると、その向きがやや暗くなるため、避けるように咲くと推定される。

3　花が斜面の傾斜方向を向く原因

　清見町の群生地において、山側と谷側の照度を測定したところ、谷側の方が明るかった。カタクリの花が傾斜方向よりも地形の開けた明るい方角に偏って咲くことを考慮すると、カタクリの花が斜面の傾斜方向を向くのは、明るい方向に向いて咲いた結果と考えられる。

4　カタクリと送粉者の関係

　カタクリの花はうつむくように下向きに咲き、花被（花びら）は反り返る。そのため、カタクリに虫が訪れるためには花の下から回り込む必要がある。カタクリが斜面の傾斜方向を向いて咲くことで、カタクリの花と斜面の間の空間が広くなる（図5）。斜面の上を向くように花が咲くと、花と斜面の間の空間は狭い。空間の広さの差は斜面の傾斜が大きくなるほど大きくなる。このように空間が大きくなることで、虫の行動する空間が確保することができ、カタクリの花に多くの虫が訪れやすくなっていると推定できる。

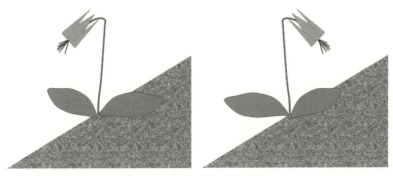

図5　花と斜面の間の空間の違い

カタクリを訪れたビロウドツリアブは、花から次の花へと移る際に、花から少し下に出て、そのまま横へ移動し、次の花へ入り込むことを繰り返していた。花の下に空間が確保されていて、花の向きがそろっていることにより、効率的に花を訪れることができるようであった。カタクリが受粉して実を付けるためには、より多くの虫が花を訪れた方が有利である。斜面の傾斜方向を向いて咲くことにより、虫は花を訪れやすくなり、花にとっては結実につながると考えられる。

まとめおよび今後の課題

斜面に咲くカタクリの花は、斜面の傾斜方向を向いて咲き、斜面の傾斜が大きいほど、斜面の傾斜方向とカタクリの花の向きのずれは小さくなることが明らかとなった。さらに、カタクリの花の向きは、傾斜方向よりも地形が開けた方角を向くことから、明るい方角を向いて咲くと考えられる。カタクリの花の向きが斜面の傾斜方向を向くのは、明るい方角を向いて咲いた結果だと推定される。数株がまとまって咲いている場合は、葉や他の花を避けて咲くため、株の外側を向くと推定できる。

カタクリが斜面の傾斜方向を向いて咲くことで、花と斜面との間に空間を大きく取ることができる。これは花を訪れる虫の行動する空間を確保することにつながり、花粉を運ぶ虫が花を訪れやすくなる。そしてカタクリにとっては受粉するチャンスが多くなり、種子ができやすくなる。

今後の研究ではまず、自生地での方角による明るさの違いを測定し、裏付けを行いたい。また、カタクリの周囲を囲み、明るさの方角をコントロールするなどをして、実験的に確認をしていきたい。斜面に咲く花の向きが、カタクリと同じように斜面の傾斜方向を向くのかを他の植物でも調査をしたい。

[参考文献]

1) 丑丸敦史、「花はどこを向いて咲くのか？　花方位の生態学的研究」、生物科

学　第 60 巻第 3 号、pp.159-166、2009
2)　河野昭一監修、『植物生活史図鑑 I　春の植物 No.1』、北海道大学図書刊行会、2004
3)　河野昭一監修、『ナチュラルヒストリーへの招待　植物の世界第 1 号』、教育社、1988
4)　北剛、和田直也、「林冠木とカタクリの花の向きとの関係」、植物地理・分類研究　第 48 巻第 1 号、2000

受賞のコメント

受賞者のコメント

多くのアドバイスをいただいた

●岐阜県立加茂高等学校　自然科学部
2年　田中　麻衣

　可児市鳩吹山にはカタクリの群生地があり、花が咲くと斜面がピンク色の絨毯のようでとても美しく、多くの人が花を見に訪れる。カタクリの花を観察した時に、一面に咲いている花の向きがそろっていることに気づき、花の向きと斜面の関係について研究をはじめた。その結果、予想どおりカタクリの花は斜面の傾斜方向を向いて咲くことがわかった。そして傾斜方向を向いて咲くことは、花粉を運ぶ虫が花を訪れやすくし、短い期間により多くの子孫を残すための工夫であると考えた。植物学会で研究の途中経過を発表したところ、多くの先生方にアドバイスをいただき、研究を進める上で参考となりました。この場をお借りしてお礼を申し上げます。

指導教員のコメント

生徒の着眼が素晴らしい

●岐阜県立加茂高等学校　自然科学部　顧問　木澤　慶和

　「花の向きはどの方角を向くのか？」については、ヒマワリの例がよく知られている。しかし、花の向きについて論文を探しても研究例は限られ、十分にわかってはいない。
　カタクリは春を告げる花として人気があり、自生地には多くの人が鑑賞に訪れる。そのため調査中に何を調べているのかと質問を受け、花の向きについて説明すると、そこではじめて花の向きがそろっていることに気づき驚いていた。多くの人が花を見に訪れているのに、気づかないものである。この研究をきっかけに、さまざまな花を注意してみると、カタクリ以外にも花の向きに傾向があることがわかってきた。生徒には研究をより深め、花の向きを決める要因をつきとめることを期待している。

未来の科学者へ

非常に丁寧な研究で誠意を感じる

　本研究論文を読ませて頂いて最初に感じたことは、加茂高校・自然科学部の9人の応募者の皆さんが非常に丁寧な研究を行っているということである。実験データの集め方も、論文のまとめ方も、いい加減なところがなく誠意を感じる。780ものカタクリの花について、一つ一つ花の向きが斜面の傾斜方向に対して何度ずれているかを調べるのは大変だったと思う。保護区では近づくこともままならず、計測が難しかったことでしょう。論文についても、カタクリの紹介から始まり、自分たちの仮説とその検証方法・調査場所のことなどをきちんと説明し、調査結果を図とグラフを使いながら分かりやすくまとめている。一般的にはカタクリの花は斜面の傾斜方向に咲くという結果を得た上で、場所や株の密度によって必ずしもそうならない場合があることにもきちんと触れているところは素晴らしい。またこれらの結果から、花は開けた方向に咲き、カタクリは虫媒花であることから花粉の送分者である昆虫が花にとまりやすいようにしているのだろうという推論も非常に理にかなったものである。花を斜面の傾斜方向に向かわせる刺激には光の他に重力も考えられる。可能ならば、光を遮断する実験を行ってみると面白いのではないだろうか。誤字等は見当たらず、文章も非常によく推敲されている。しかし、カタクリの花を見ると、その可憐さに気を取られてしまいがちだが、その花の向く方向が一致しているところに気付かれた応募者の皆さんは慧眼である。これからも、見逃しがちな植物の生態について関心を持ち続けて欲しい。丁寧な仕事をするという経験は、将来、応募者の皆さんがどのような職に就かれるかわかりませんが、きっと役に立つはずである。頑張ってください。

（神奈川大学理学部　准教授　安積　良隆）

努力賞論文

水ロケットの二段加速現象
(原題:水ロケットにおける加速度と飛距離の研究)

静岡県立富岳館高等学校　環境科学研究部ロケット班
3年　竹ノ内 諒　中村 敦史　今村 大雅
木内 竣太　佐野 大智　篠原 祐治　若林 悠斗

研究の目的

　私たちが研究を始めたきっかけは、ものづくりに興味があるからであり、理工系分野の実験結果を形式的にまとめてみようと思った。形状が異なるロケットでどうすれば遠くに飛ばせるのか、という疑問から、ロケットについての基礎理論から学び、異なる形状のロケットを複数制作し、それぞれどのような結果が出るのか調査をしようと考え、ロケットの研究を始めた。ロケットの中ではどのような現象などが生じているかについてとても関心があり、自分たちが理解できるまで調べたくこの研究を行った。そして、このような経験を生かして多くの物のしくみを理解し、将来のやりたいことを実現できるようにしたい。

2013年度までの研究

①運動量保存の法則を応用して、燃料(本実験の場合は水)を噴出し尽した時のロケットが得た獲得速度を導出した。

$$V = v\ln(M/m) \quad \cdots\cdots\cdots\cdots\cdots\cdots\cdots\cdots\cdots\cdots (1)$$

ここで、V：排出終了後獲得速度、v：排出速度、M：打ち上げ前全質量、m：最終質量（ロケット本体質量）。

　獲得速度を計算から求めるためには、水の排出速度を求める必要があるため、水の排出速度vを得る式を求めた。ここでロケット内部の圧力を知る必要が出てきた。このため、圧力測定実験を行った。この圧力測定実験を確認するため、2014年度に入りメータ付の空気入れを購入し測定を直接行った。この結果、ほぼ等しい値が得られた。

②次にその獲得速度の式を用いて、ロケットに入れる水の量の最適化を行い、実験結果と合わせて、入れる水の量を550 mLと決めた。

③獲得速度の式からロケット本体の軽量化も有効であることがわかり、羽の材質や形状などを工夫してできる限りの軽量化を実施した（従来型→約180 g、改良型→約130 g）。

④軽量化したロケットは、飛距離が大きく伸びたという結果が得られた。従来型の飛距離は約60 m程度であったが、軽量化したロケットは、本校グラウンドと隣の土地とを仕切る高さ10 mほどのネットの、中段より上方にぶつかった。飛距離は80 mをはるかに超えていた。

⑤軽量化した機体の打ち上げ時、水と空気の混合物の排出時に再度加速しているように見えた。水の排出が終わろうとしている瞬間、水と空気が混ざり合った状態で排出されている時がある。この一瞬にさらに機体が加速され、二段加速しているように見えた。

2014年度の研究

1　軽量化機体の飛距離の測定

　2013年度は水道の位置の関係で、東西方向に打ち上げを行っていた。従来型の実験ではそれで十分だったが、改良型を打ち上げた時、飛距離は80 mをはるかに超え、飛距離の測定ができなくなってしまった。そのため2014年度は発射の向きを変えて100 m以上測定できるようにした。

2　加速度についての考察

前述したように、水の噴出が終わろうとしている瞬間、水と空気が混ざり合った状態で排出されている時に機体がさらに加速され、ロケットが二段加速しているように見えた。この現象は軽量化した機体（機体質量130 gを今後「改良型」と呼ぶ）を打ち上げた時にのみ実感できた。

私たちはこの現象を重要視し、水ロケットの「二段加速現象」と名付けて、この現象の解析を2014年度の研究の主題に置き活動を進めてきた。

改良型と、軽量化を施していない機体（機体質量180 gを今後「従来型」と呼ぶ）の打ち上げ実験を動画で撮影し解析を行った。

1秒間に30フレーム撮影できるデジタルカメラを用いて打ち上げの様子を記録した。その動画をプロジェクターで映し、1フレームずつコマ送りして、ロケットの位置を模造紙に記録していった。

記録した点の間隔を計測することにより、

$$v = \frac{x_2 - x_1}{t_2 - t_1} \quad \cdots\cdots (2)$$

$$a = \frac{v_2 - v_1}{t_2 - t_1} \quad \cdots\cdots (3)$$

式（2）よりロケットの速度を、その速度を用いて式（3）より加速度を求めた（**図1**）。

図1において、凡例「水排出」は、水のみを排出している時間の加速度

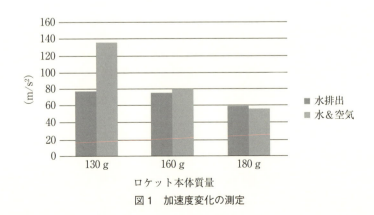

図1　加速度変化の測定

の平均である。また「水&空気」は水の排出が終わる瞬間に観測される、空気と水が同時に排出されている時間の加速度を平均したものである。図1の結果より、改良型の打ち上げ時加速度は、水のみを排出している時よりも水と空気を同時に排出している時の方が大きく、再度加速されていることが確認できた。

3 二段加速現象が飛距離に与える影響についての考察

まず二段加速現象がないとして、初速度の違いだけで斜方投射された質点の水平到達距離がどれだけ変わるかを計算した。

2013年度に導出したロケットの獲得速度を初速度 v_0 とし、打ち上げ角度は45度に仮定して、力学の加速度運動の分野で学習する質点の放物運動として計算を行った（式（4））。

$$y = x \tan\theta - \frac{gx^2}{2v_0^2 \cos^2\theta} \quad \cdots\cdots (4)$$

式（4）から、水平到達距離 x は初速度の二乗に比例することがわかる。空気の影響を考慮しておらず、また獲得速度も厳密には初速度といえないため、あくまでも参考である。機体質量による獲得速度の差は約17%の差があった。これを式（4）に代入して、水平到達距離の差は約38%という結果が得られた。それに対して、実際の実験による水平到達距離を測定した。

2013年度の研究では、改良型の飛距離は80 m以上飛んでグラウンドのネットに衝突したという結果が得られている。2014年度は打ち上げる方向を、グラウンドの東西方向から南北方向に変え、より長い距離を測定できるようにした。その結果は、従来型（180 g）の平均が約60 mであるのに対して改良型（130 g）の平均は約100 mという結果が得られた（**表1**）。

従来型に対して改良型は約68%飛距離が伸びている。

理論計算値の差（約38%）と比較すると、改良型の飛距離の伸びが非常

表1　実際の実験による水平到達距離を測定

機体質量	180 g	130 g
水平到達距離	平均60 m	平均100 m

表2 風の影響によって変化する飛距離

実験日の実施時間の風速	2 m/s
従来型と改良型の滞空時間の差	0.93 s
従来型と改良型の風の影響による飛距離の差	1.85 m

に大きいという結果が得られた。

理論計算値と実験値との差の原因として、二段加速現象以外の可能性を探った。

その1つとして風の影響を考えた。

初速度の違いで放物線の軌跡が変化する。初速度の大きい方がより高い位置まで上昇する。当然、滞空時間も異なってくる。滞空時間の長い方がより風に乗って飛距離が出るのではないかと考えた。この風が飛距離にどの程度影響を与えるのか、簡単なモデルを考え試算した。

実験は何日にも渡って行っているが、一番最近の実験日の気象条件を検索し、実験日の実施時間の風速を調べた。風速は約 2 m/s となっていた。また斜方投射における滞空時間を計算した。これは獲得速度を初速度として、45度の仰角で発射したロケットが再び地面に戻ってくるまでの時間を求めた。従来型と改良型の滞空時間の差を求めて、それに当時の風速を掛けた。これにより風の影響によって変化する飛距離について求めた（**表2**）。

表2を見てわかるように、このモデルで得られた風の影響による飛距離の差は約 1.9 m である。これはロケットの飛距離の大きさと比較すると数%程度であり、前述した従来型と改良型の水平到達距離についての、理論計算値と実験値との差を説明することはできない。

以上のことから改良型の飛距離の伸びは、二段加速現象が原因となっているのではないかと考えた。

4 水と空気の混合物の排出時における考察

水と空気の排出時に大きな加速度が得られていることがわかったので、次に空気のみを排出している時との力積の比較を行った。

空気のみを排出している時を調べる実験を行った。まず水を 550 mL 入れて加圧した時の内圧を測定した。そこから機体が断熱膨張したとして、

水をすべて排出した時の内圧を計算により求めた。断熱膨張時の気体の圧力 P と体積 V との関係は、熱の分野で学習した内容から、次式で与えられる。

$$PV^\gamma = 一定 \quad\cdots\cdots (5)$$

（二原子分子の時、$\gamma = 7/5$）

　水を排出し終わった時の機体内部の圧力を求めた後、水を入れないロケットをこの内圧になるように加圧し、空気のみの打ち上げ実験を行った。この時の加速は非常に速い時間で行われており、1秒間に30フレームのデジカメではその詳細を捉えきれなかった。排出終了後の速度は測定できたため、発射時に得られた力積を求めることにした。力積については運動量の単元で学習しており求められる。

　空気のみの排出で得られた力積と、水を入れた実験時の「水と空気の混合物を排出した時」に得られた力積とを比較した（**図2**）。

　同じ圧力で排出したロケットが得た力積であるが、結果は大きく異なっている。図2のように、水と空気を同時に排出している時の方が、空気のみを排出している時よりも大きな力積を得ていることがわかった。

　これより、二段加速現象における二段目の加速は、空気のみの排出では起こらず、「空気と水が混ざり合った状態で排出されるという条件の下で起こっている」ということがわかった。この原因としては、排出速度の大きい空気と比重の大きい水が同時に排出されることで大きな推力が発生していると考えた。また、この現象は機体が軽量であるほど大きな効果が得られる、という傾向があることもわかった。原因、傾向については定量的に

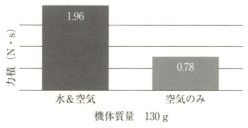

図2　排出で得られる力積

説明できるように詳細な研究が必要である。

5　500 mL ペットボトルでの検証実験

二段加速現象が普遍的に起こる現象なのか、それとも 1.5 L 容器でのみ起こる現象なのかを確認するために、異なる形状のロケットで実験を行いたいと考えた。容易に連想されるものとして 500 mL ペットボトルが挙げられる。私たちは 500 mL 容器を用いてロケットを作成した。ここでも質量の大きい機体とできる限り軽量化を施した機体を用意して打ち上げ実験を行った。実験の様子を撮影したデジカメは、1 秒間に 120 フレームを撮影できるものを使用した。30 フレームでの撮影では、本実験においては加速度が大きく詳細な解析ができなかった。そのため 1 秒当たりのフレーム数の多いものを用いた。1.5 L の時と同様、動画を投影し、1 コマずつ位置を記録していった。動きが速く鮮明な画像でなかったため、位置の確定に苦労したが、式 (2)、式 (3) を用いて速度、加速度を求めた。

二段加速現象を確認するため、加速度について求めた結果が**図 3** である。

図 3 から、500 mL の容器を用いたロケットでも、軽量化した機体においては「二段加速現象」が起こっていることがわかった。

飛距離においても、**表 3** のように改良型の方が遠くに飛ぶことが確認できた。

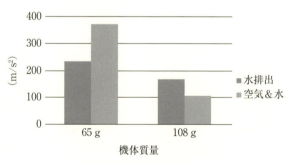

図 3　加速度変化（500 mL）

表 3　改良型の飛距離

機体質量	108 g	65 g
水平到達距離	平均 40 m	平均 63 m

実験結果と今後の課題

①水ロケットにおける、機体の二段加速現象が確認できた。
②二段加速現象は機体が軽量化されている時に確認できる。
③二段加速現象のために、軽量化されたロケットは水平到達距離が大きくなると考えられる。
④二段目の加速は、水の排出が終わる瞬間の水と空気の混合物が排出されている時に起こる。
⑤空気のみの排出ではその効果は見られない。

　今回、水ロケットの飛距離向上の原因を探るうちに「二段加速現象」を発見した。丁寧に、詳細に実験を観察するという、基本に立ち返ることにより気付くことができた。加速度を測定し、二段加速が明らかになった時はとても興奮した。この研究を通して、物事を論理的に考えることができるようになってきた。放物運動のモデルもまだまだ改良する余地があり、今後も検証しなければならないことが多いが、前向きに研究に取り組んでいきたい。

[参考文献]

1) 久下洋一、『アマチュア・ロケッティアのための手作りロケット完全マニュアル』、誠文堂新光社、2007

受賞のコメント

受賞者のコメント

毎日活動し、多くの実験を重ねた結果の産物

● 静岡県立富岳館高等学校
環境科学研究部ロケット班

　2013年度に続き本賞をいただけたことをとても嬉しく思う。2014年度はメンバーも増え、実験や論文を発表する時に役割分担ができたため、活動効率が良くなった。

　今回の研究は2013年度の結果を活用して進め、特に「二段加速現象」という私たちが発見したオリジナルの現象について研究してきた。この現象を発見したことで、軽量化したロケットの飛距離が大きく伸ばせることが証明できて感動した。毎日活動し、多くの実験を重ねた結果の産物だったと思う。メンバーの多くは理工系の大学へ進学する。各自が研究で得られたことを活かして頑張りたい。

指導教員のコメント

生徒たちは論理的思考力を身に付けた

● 静岡県立富岳館高等学校　教諭　山梨 睦

　本論文は、本校の環境科学研究部の3年生7名が「軽量化された水ロケットが飛距離を伸ばした原因を科学的に解析し解明していく」内容である。2013年度得られた結果を活用して、研究内容を深めることができている。理論の展開は粗いが「二段加速現象」を確認し、その効果を説明するために知恵を絞る姿を見ることができた。

　活動を始めた2年前と比べると、自ら考える力や論理的思考力などが大きく成長したことが実感でき、感慨無量である。彼らの今後の活躍に期待している。今後は二段加速現象を応用した、さらに改良を加えた水ロケットの作成を検討中である。活動の内容と熱意を後輩に引き継ぎ、ロケット班の活動を続けていきたい。

努力賞論文

未来の科学者へ

「二段加速の発見」で未来の科学者たちの興奮が伝わってくる

　この論文で一番興奮させられたのが、水ロケットの「二段加速の発見」である。ある研究をしていて予期せぬものを発見することをセレンディピティというが、この研究はまさにそのような「発見」で、未来の科学者たちの興奮が伝わってくる。高校生理科・科学論文大賞の審査にここ数年関わってきてとても興味深いと思うのは、先輩たちの研究を後輩たちが何年も引き継いで成果を積み重ねて来て、あるとき突然「目覚ましい成果」に飛躍することを目の当たりにすることである。この研究も1年目のヒントをもとに、2年目にして飛躍した。

　ただ、「二段加速の発見」が本当に信じてよい現象なのかどうか、論文だけでは確信が持てないことがとても残念なところで、それがこの「大発見」が努力賞にとどまった一番の原因ではないかと惜しまれる。すなわち、せっかくデジタルカメラの高速撮影のフレームを苦労してデジタル化して位置を求め、加速度を時間の関数として求めていながら、水のみを噴出するときと、水と空気が噴出される「二段加速時」の平均値しか求めていない。ぜひ、平均する前の「生の値」、すなわち、個々の加速度の値を時間の関数としてプロットし、そのプロットにそれぞれの平均値の線を描いてほしかった。また、論文として基本的なことがら、たとえば、軽量化したロケットの形状や写真、どこをどう軽量化したのかなどの記述が無いのも評価が伸びなかった一因と思われる。校庭や解析風景の写真などは要らない。

　とはいうものの、高校生の物理の範囲で改良型水ロケットの飛距離の伸びの原因究明を行おうと努力しているところには好感が持てた。後輩たちがこの「発見」をより強固なものにし、その理由についてもさらに真相に迫り、よい論文に仕上げてくれることを大いに期待したい。

（神奈川大学工学部　教授　渡邊　靖志）

自作赤道儀で星を追う
（原題：同上）

名古屋市立向陽高等学校　科学部天文班
3年　長田 日菜子　倉知 綾子　森本 真央　山田 理子

研究の目的

光量の少ない星を撮影するためにシャッターを長時間開いて撮影すると、日周運動のため、星は線像となってしまう。星を点像で写すためには星の日周運動を追う赤道儀が必要である。地球の地軸の延長方向である天の北極の近くには北極星があり、赤道儀の回転軸（極軸）を北極星に向けると地軸とほぼ平行になる。図1のように赤道儀の回転軸が地球の自転と逆向きで同じ速さに回転することで、星を追うことができるのである。

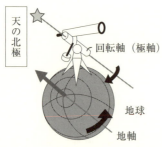

図1　赤道儀が自転と同じ速さで逆向きに回転する

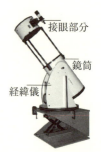

図2　ドブソニアン式望遠鏡と自作赤道儀

私たちの高校には、図2のような「ドブソニアン」という重さ38 kg、口径30 cmの大きな反射望遠鏡がある。ドブソニアンは架台や三脚、微動装置などが大きく省略され、安価だが大口径のため高性能な望遠鏡である。私たちはこのドブソニアンを用いて星を撮影したいと考え、その重さに耐えられる赤道儀を製作することにした。そこで、前段階として、半分の大きさの試作赤道儀を製作し、カメラを取り付けて天体写真を撮影する。次にその試作機の問題点を改善したドブソニアン用赤道儀を製作し、ドブソニアンを載せて天体写真を撮ることを目的とした。

試作赤道儀の製作と撮影

1　試作赤道儀の構造の概要

　試作赤道儀（図3）は頑丈さを重視して、厚さ9 mmのベニヤ板を箱形に組み合わせ、蝶番を極軸に使用するなど、構造の簡略化を優先して設計した。極軸は愛知県の北緯約35°に合わせて固定した。また塩ビパイプの先端に十字に糸を張った極軸合わせ用パイプを極軸に平行に取り付け、極軸を北極星に合わせる仕組みにした。

　試作赤道儀の駆動装置として、耐荷重が大きく、日周運動の微妙な動きが可能な自動車のジャッキを用いた。ジャッキと板の接触部分にはボールキャスター（図4）を取り付け、滑らかに動くようにした。

　ジャッキのハンドルを回して試作赤道儀の回転角を調べた結果、ハンド

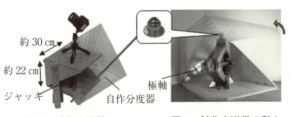

図3　試作赤道儀　　　図4　試作赤道儀の動きとボールキャスター　　　図5　極軸側から見た動きとボールキャスター

ルを10秒毎に自作分度器の1目盛り（3°）分回せば（図4、**図5**）、星の日周運動を追うことができることがわかった。

2 試作赤道儀での撮影

【方　法】

（1）極軸合わせ用パイプを用いて極軸を北極星に向ける。

（2）カメラを雲台に取り付け、撮影したい方角に向け、カメラのシャッターを開く。

（3）ハンドルを10秒毎に自作分度器1目盛り（3°）分回す。

（4）数分間露出した後、カメラのシャッターを閉じる。

【結　果】—図6、図7、図8

図6　赤道儀不使用　　　　図7　試作赤道儀使用
（10月17日1時30）　　　（10月17日0時50分）

観測地点：北緯35° 9'
　　　　　東経136° 57'
カメラ：Canon DS6041
露出時間：3分
焦点距離：24 mm
感度：ISO200
天の赤道方向へ向けて撮影した写真の一部を切り取り拡大

図8　試作赤道儀使用（8月21日0時38分）

観測地点：北緯35° 7'
　　　　　東経137° 43'
カメラ：OLYMPUS E-410
露出時間：2分
焦点距離：18 mm
感度：ISO800

【考　察】

　天文年鑑を参照したところ、焦点距離24 mmのカメラを天の赤道方向へ向けて固定撮影すると、17秒で星が線像となることがわかった（図6）。今回は10秒毎に動かしたので、星をほぼ点像で撮影することができた（図7、図8）。

ドブソニアン用赤道儀（DB 用赤道儀）の製作と撮影

1 ドブソニアン用赤道儀（DB 用赤道儀）の構造

主な構造は試作赤道儀と変わらないが、問題点を改善して設計した。以下、ドブソニアン用赤道儀を「DB 用赤道儀」と表記することにする。

(1) 駆動装置：赤道儀を電動で動かす際にモータとその付属品を下から支えることを想定して、ジャッキの回転軸が上下するパンタグラフタイプのものではなく、ジャッキを回転軸が上下しないバイク用のものに変更した。

(2) 極軸合わせ：より正確に極軸を北極星へ向けるために、小型望遠鏡に十字に糸を張った極軸望遠鏡を用いた。さらに極軸望遠鏡と極軸を平行にするために、3 点のねじで微調節する仕組みを追加した。

(3) DB 用赤道儀本体：極軸の向きを、試作赤道儀の極軸の向きから DB 用赤道儀の極軸の向き（**図 9**）のように変更し、日周運動を追う際にドブソニアンの重さに逆らうことなく、赤道儀の上板が上から下に向かって弧を描いて動くようにした。また内側には金折をつけ、厚さ 3 cm の合板を用いて頑丈にした。そして後述の予備実験をふまえて 1 目盛り 3°の自作分度器と手動ハンドルを取り付けた（**図 10**）。また、ドブソニアンの経緯儀の 3 カ所の足に鉄板をねじで取り付けて、万力で鉄板を DB 用赤道儀に固定した。

2 予備実験

まず前提として、ドブソニアン（焦点距離：1500 mm）と 35 mm 判カメラ（撮像素子：36 mm × 24 mm）を使用すると、このとき画角は 1.33°× 0.89 となる。恒星が 1.33°動くにはおよそ 320 秒かかるので、星が点像であ

図 9　DB 用赤道儀極軸

図 10　DB 用赤道儀正面側

るとみなす許容範囲を 0.03 mm とすると、0.03×320÷36＝0.266…となる。つまり、星を点像で写すには 0.27 秒以内に DB 用赤道儀を動かす必要がある。

　次に、駆動装置であるジャッキの軸を回す速度を決定する実験を行った。
(1) ジャッキの軸と DB 用赤道儀の関係：ジャッキの軸を 3 回転させ、その際に DB 用赤道儀本体が動いた角度を測定したところ、ジャッキの軸 3 回転で赤道儀本体が約 2°動くことがわかった。
(2) 日周運動と DB 用赤道儀の関係：恒星は 8 分で 2°動くので、これを打ち消すために、赤道儀本体も 8 分で 2°動かせばよい。
(3) ジャッキの軸と日周運動の関係：(1)、(2) より 8 分（＝480 秒）でジャッキの軸を 3 回転（＝1080°）させればよい。

　前提より星を点像で写すには 0.27 秒以内に軸を回す必要があるが、実際にはハンドルを 4 秒毎に 9°動かしできるだけ滑らかに回すことにした。

3　DB 用赤道儀での撮影 1

【方　法】―手動で操作・カメラで撮影。
(1) 極軸望遠鏡を用いて、極軸を北極星に向ける。
(2) DB 用赤道儀の上にドブソニアンを載せ、撮影したい方向に経緯儀を向けて固定する。
(3) ドブソニアンの接眼部分にカメラなどを取り付け、シャッターを開く。
(4) ハンドルを 4 秒毎に 9°の速さで回し、カメラのシャッターを閉じる。

【結　果】―図 11、図 12

図 11　赤道儀不使用
（8 月 10 日 2 時 45 分）

図 12　DB 用赤道儀使用
（8 月 10 日 2 時 31 分）

観測地点：北緯 35° 7'
　　　　　東経 137° 43'
カメラ：OLYMPUS E-410
露出時間：2 秒
焦点距離：1500 mm
感度：ISO800
撮影対象：アルビレオ

【考　察】

　図 12 では星を点像で写すことができたが、撮影に成功した写真はわずかであった。手動操作での精度の限界も考えられるが、失敗した写真のほと

んどで、DB用赤道儀で日周運動の向きを打ち消すことができていても、それ以外の方向に撮影対象が動いていた。その原因としては、ドブソニアンの重さによってボールキャスターとの接触部分の上板に凹みが生じてしまったこと、ドブソニアンの経緯儀ごとDB用赤道儀に載せる構造なので、経緯儀の撓みなどによる遊びが大きく、また可動する箇所が多いため風などの振動でドブソニアンが動いたことが考えられる。

4 DB用赤道儀の改良

　上部の板を補強するために厚さ1mmのアルミ板を取り付け、ボールキャスターとの接触点がより滑らかに動くようにした。また10秒程度完全に追尾して星を点像にするのは困難なため、天体を動画で撮影して、天体写真処理用フリーソフト（RegiStax）を用いてコンポジット処理を行った。コンポジット処理とは、撮影した動画のフレームを重ね合わせ画像の質を向上させる処理である。

5 DB用赤道儀での撮影2

【方　法】―手動で操作・CCDカメラ（IUC-300CN2）で動画を撮影しコンポジット処理する。

(1)、(2)は撮影1と同じ。
(3) ドブソニアンの接眼部分にパソコンにつないだCCDカメラを取り付け、動画ソフト（CreativeStudio）によって動画記録する。
(4) 自作分度器とパソコンの画面を見ながらハンドルを回して追尾する。
(5) 撮影を終了し、写真をRegiStaxでコンポジット処理する。

【結　果】―図13、図14

図13　赤道儀不使用　　　　図14　DB用赤道儀使用（コンポ
　　　（静止画撮影）　　　　　　　ジット処理済（60/276枚合成））

```
観測地点：北緯35° 8'
　　　　　　東経136° 55'
カメラ：IUC-300CN2
録画時間：18.5秒
焦点距離：1500 mm
撮影対象：月
日時：10月10日 17:40
```

【考　察】
　手動操作によるずれや風の影響などにより多少のぶれはあったが、コンポジット処理することでクレータまではっきりと写すことができた（図14）。今回使用したCCDカメラでは、月にあった感度が設定でき撮影に成功したが、今後惑星などの天体を撮影することを考えると、さらに広い範囲で感度を設定できるCCDカメラが必要であることがわかった。

6　カメラの改良
　最低照度1 lux以下という広範囲の感度をもつCCDカメラ（Qcam Pro 4000）を用いて撮影するためにドブソニアンの接眼部分に合うよう加工した。CCDカメラのレンズを取り外し、31.7 mm径の筒を取り付けた。さらに感度を得るために、CCDカメラの赤外線カットフィルタを外した。

7　DB用赤道儀での撮影3
【方　法】―手動で操作・CCDカメラで動画撮影しコンポジット処理。
　手順は撮影2と同じだが、カメラを改良したQcam Pro 4000に変更した。DB用赤道儀とボールキャスターとの接触部分にはより荷重に耐えられるように鉄板を取り付けた。比較として赤道儀を使わずに動画撮影した木星の動画もコンポジット処理を行った。

【結　果】―図15、図16

観測地点：北緯35° 8'
　　　　　東経136° 55'
カメラ：QcamPro4000
録画時間：19.5秒
焦点距離：1500 mm
撮影対象：木星

図15　赤道儀不使用（コンポジット（338/406枚合成、1月22日18:46撮影）

図16　DB用赤道儀使用（コンポジット（135/500枚合成、1月23日18:29撮影）

【考　察】
　カメラの変更により木星に適正な感度が設定できた。鉄板への変更で接触部分がより滑らかに動くようになり、日周運動を追うことができた。撮影2と同様にコンポジット処理によってより木星の縞がはっきりした。今

までの撮影の中では一番よい画像が得られた（図16）。

8 駆動装置の改良

DB用赤道儀を電動で動かすために、駆動装置にモータを取り付けた。モータはゆっくりと細かく高精度な動きを制御できるステッピングモータを使うことにした。今回、私たちが使用したモータドライブはオリエンタルモータ社の5相ステッピングモータ（PK 545 AW）と、ドライバ（UDK 5107 NW 2）で、モータの基本ステップ角は $0.72°$ である。また、モータに電気パルス信号で動きを指令するためにコントローラ（SG 8030 D）を使用した（図17）。コントローラで設定できる運転パルス速度の最小値におけるモータ回転速度は $12\,[\mathrm{r/min}]$ である。予備実験より、ジャッキの軸 $0.375\,[\mathrm{r/min}]$ で動かすために $1/32$ に減速する必要がある。そこでジャッキの軸側に直径 $160\,\mathrm{mm}$ の円盤を取り付け薄い合板で挟み、円盤に巻きつけた糸をモータの軸で巻き取ることで $1:32$ の比を作ることにした。

9 DB用赤道儀での撮影4

【方　法】—電動で操作・CCDカメラで動画撮影しコンポジット処理。

　主な撮影の手順は今までと変わらないが、モータを使って電動でDB用赤道儀を駆動させた。また比較として赤道儀を使わずに撮影した動画もコンポジット処理を行った。

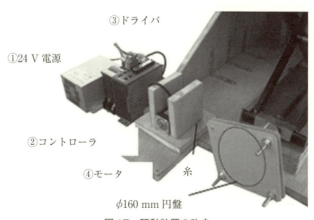

図17　駆動装置の改良

【結果と考察】

撮影3（手動操作）の写真と比較して、写真の精度に大差ないように思われる。しかし、手動操作を電動操作に変更したため作業効率が向上し、撮影3よりも多くの写真を撮影することができた。

今後の展開

ドブソニアンを載せて星を点像で撮影するために、ドブソニアンの重さに耐えられる頑丈な赤道儀を製作した。それを用いて手動で撮影した結果、星を点像で撮影することに成功した。また、手動操作を電動操作にした結果、星を追う精度がより向上し、月や惑星の撮影には十分な性能を得られた。今後は撮影4の結果を考慮し、速度を調整して撮影したい。

[参考文献]

1) 天文年鑑編集委員会、『天文年鑑2014年版』、誠文堂新光社、2013、p.343
2) フリーストップ手動導入対応型KIKUTA式赤道儀ヘリクロス
 http://homepage2.nifty.com/KIKUTA/02-dobdai.html
3) Qcam Pro 4000（QV-4000）の入手と改造
 http://blogs.yahoo.co.jp/youkan2000/9497363.html
4) オリエンタルモータ株式会社
 http://www.orientalmotor.co.jp/

● 努力賞論文

受賞のコメント

受賞者のコメント

4人で何度も話し合った
●名古屋市立向陽高等学校　科学部天文班
　3年　長田 日菜子　倉知 綾子　森本 真央　山田 理子

　「ドブソニアンで星を撮影できたら」そう考えてから完成するまでの2年余り、数多くの問題に直面した。赤道儀を製作して星を撮影する場面では、昼間に撮影できないというハンディがあり、またステッピングモータの操作が難しく何度も行き詰るなど、思いどおりに研究を進めることが難しい時期もあったが4人で何度も話し合い、ひとつひとつ解決していった。失敗の連続で諦めそうになったが、先生方をはじめとする多くの方々のお陰で完成まで辿りつくことができた。そのため自作赤道儀が完成し、それを用いて星を撮影できた時の喜びは言葉では表せないものであった。多くの方々に感謝するとともに、この活動に着手し無事終えられたことを誇りに思う。

指導教員のコメント

毎日コツコツと地道に進めてきた成果
●名古屋市立向陽高等学校　教諭　伊藤 政夫

　科学部で天体観測をする機会は、通常、年に一度の合宿だけなので、星好きの4人の生徒が科学部に入部した時に、日中の活動で何ができるだろうと考えたが、ドブソニアンの赤道儀の研究が始まり、自分たちで着々と研究を進める姿に心配は消し飛んでいた。ちょうどアイソン彗星がやってきて、学校から有志を募って観測ツアーを実施することになったので、12月に山の中に出かけて、霜が降り積もったドブソニアンと自作赤道儀を凍えながら操作したことは忘れられない。こちらから働き掛けなくても、毎日コツコツと自分たちで方針や計画を立てて地道に進めてきた成果がこのように実を結び、受賞できたことを心から嬉しく思う。

未来の科学者へ

設計や改良の論理的説明がしっかり行われている点を評価

　この論文では、興味のある天体観測をテーマにした観測装置の改良過程が、試作・改良・製造・観測と手順を踏んで論理的に展開されている。段階を踏んだ改良には、相当の労力と時間が必要であったことがうかがわれる。興味を深めるために、試作・改良・試験を繰り返すことで最終目標に到達している点が評価できる。既存の装置に満足せず、一つ一つ改良する姿は素晴らしく、まさにものづくりの好例と言える。惜しむらくは、科学論文で重要な解析と考察が弱い点である。その結果、装置の製造・改良の報告書の域を出ない感がある。例えば、解析と考察にあたると思われる節では、自作の座標解析ソフトについての説明がないために座標解析の内容が不明確で、精度の評価がわからなかった。昨今、一般にも認識されるようになったが、科学論文に最も要求されるのは再現性である。論文を読んで再現できる必要がある。そして、その情報をもとに別の新たな発展につながることが大切である。その意味では、写真の多用も気になった。写真は確かに一目瞭然という長所があり、情報量が多いので記録などにも向いているが、概念図や図面のほうが伝えたいことが鮮明になることもある。本論文は、残念ながら活動報告書の色合いが濃く、科学論文として重要な解析と考察では力尽きている感じがする。このような傾向はこの論文に限らず他の論文にも見られた。しかし、高校生にそこまでの完成度を要求するのは行き過ぎであり、むしろ、設計や改良についての論理的説明がしっかり行われている点を評価した。論文の完成度を上げるのは今後の課題としておいて、科学や技術に対する興味を持ち続けてほしいと願う。

(神奈川大学工学部　教授　田村 忠久)

努力賞論文

牛乳の泡立ちの秘密
（原題：牛乳の泡の形成と乳脂肪の影響）

京都府立洛北高等学校　サイエンス部物理班
３年　笹生 直輝　西田 森彦　伏見 洵一郎　政岡 宥人　２年　藤井 翔太

研究のきっかけ

　カプチーノ（イタリア語：cappuccino）は、イタリアで好まれているコーヒーの飲み方の1つで、陶器のコーヒーカップに注いだエスプレッソに、クリーム状に泡立てた牛乳を加えたものである。私たちは市販の牛乳を用いて、これを常温で泡立てた。ところが泡はまったく立たなかった。試しに温度を高温や低温に変化させて泡立ててみたところ、カプチーノのような泡が立った（**図1**）。このことから、牛乳の泡には温度依存性があるのではないかと考え、研究を始めた。

低温（8.5℃）　　常温（26.1℃）　　高温（52.9℃）

図1　異なる温度で泡立てた牛乳

牛乳の温度と泡の立ち方の関係

牛乳の泡立ちが温度によってどのように変化するのかを定量的に調べ、また牛乳の種類によって変化するのかを調べた。

牛乳の種類別に泡の高さの温度依存性をグラフに表したものが図2である。横軸はかき混ぜた時の牛乳の温度、縦軸は泡の高さを示している。脂肪分を含む牛乳の場合、15℃から35℃付近（以下、常温域と呼ぶ）では泡が立たなかったのに対し、15℃以下や35℃以上の温度域（以下、それぞれ低温域、高温域と呼ぶ）では泡が立った。無脂肪牛乳の場合、いずれの温度域でも泡が立った。また高温域においては、温度が高くなるほど泡の高さは減少した。

1 温度変化に伴う牛乳の表面張力の変化

水および牛乳の表面張力は、温度変化に伴い図3のように変化した。点線は理科年表[3]記載の水の表面張力の値を示している。

水の表面張力の測定値は、理科年表に記載されている値とおよそ同じで

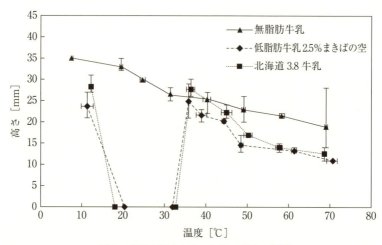

図2　牛乳の温度と立った泡の高さの関係

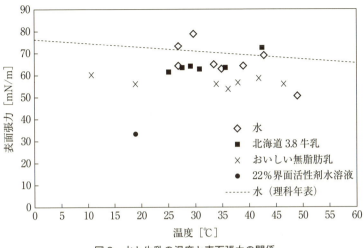

図3 水と牛乳の温度と表面張力の関係

あることから、実験による測定値は信頼できるものであると考えている。また、北海道 3.8 牛乳の表面張力は、水の表面張力と近い値を示しており、温度による値の変化も見られなかった。また無脂肪牛乳の表面張力は、水や北海道 3.8 牛乳よりも小さいことがわかった。比較用に、22% 界面活性剤を含むアタック高活性バイオ EX 水溶液を用意し測定したところ、無脂肪乳よりもさらに小さな表面張力の値が得られた。

無脂肪牛乳については、界面活性剤のはたらきによって表面張力が弱まり、泡が立っていると考えられる。これは泡の立つメカニズムと合致する。

2　界面活性作用が生まれる必要性

一方、脂肪分を含む牛乳の表面張力は常温域と高温域の間で変化しなかっただけでなく、どちらの温度域でも水と近い値を示した。すなわち、どの温度領域においても無脂肪牛乳の場合には、親水基と疎水気を併せもつカゼインのサブミセルが牛乳の液面に存在するが、脂肪分を含む牛乳の場合には存在しないことを示唆している。

このことから、牛乳が高温域で泡立つためには、かき混ぜるという物理的操作によって界面活性作用が生まれる必要があると予想される。

温度変化に伴う油脂の変化

これまでの考察から、牛乳の泡には脂質が関与していると推測される。したがって、牛乳中に溶けている油脂の温度による状態変化を、流動性と比熱の観点から調べた。

1　乳脂肪の流動性測定

温度ごとの濾液の質量は図4のとおりとなり、27.5℃から30.3℃の間で流動性を示し始めた。

水などの純物質の流動性は、固相から液相への状態変化のために、融点を境に非連続的な値を取るのが一般的である。一方、バターの流動性は、温度と濾液の質量の間に正の相関が見られるように、連続的な値をとっている。このことについては次の2つの原因が考えられる。

(1) バターが状態変化する温度を特定するのが難しい。

バターは数種類の脂肪酸からなる油脂の混合物であり、純物質ではないため特定の融点はもたない。さらにこの油脂は、一分子中に数十個の炭素をもつ比較的大きな分子であるため、分子間力によって分子同士が複雑に結び付いているとも考えられる。したがって、これらの結び付きを解くのに必要な温度を特定することは難しいと推測される。

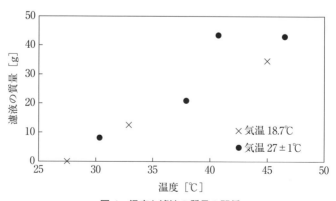

図4　温度と濾液の質量の関係

(2) 室温で濾過したため、濾過の途中で乳脂肪が冷やされて流動性を失ってしまった。

　実験終了後に室温放置していた濾液が固まっていたことから、室温による冷却が濾液の質量に影響している可能性が高いと考えられる。濾過の開始と同時に冷却が始まるとすると、流動性を失う温度に達するまでの時間が長い（濾過開始時の温度が高い）ものほど多くの濾液が流出すると考えられるので、図4のように濾液の質量と温度に正の相関が見られることは妥当である。

　また、一定の温度以上で濾過を行った場合について考えると、綿布にバターが染みこむなどのことから、濾液の質量ははじめに量り取った50.00 gよりも小さな値で一定になると予想される。

　以上のような原因によって図4のような結果が得られたとすれば、バターが流動性を持ち始める温度域は27.5 〜 30.3℃付近である、と結論付けられる。この温度域は、牛乳の泡立ち始める温度（32.7 〜 33.5℃）と近いため、牛乳の泡立ちには乳脂肪の流動性が関わっていることが強く示唆される。

2　乳脂肪の熱容量測定

　得られた結果を図5に示す。25℃以上では測定位置による差は見られな

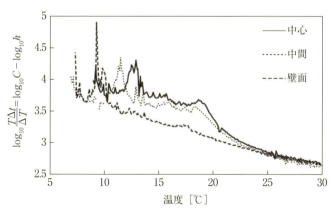

図5　温度変化に伴うバターの性質の変化。縦軸は、熱容量とビーカーを通してのバターと恒温槽間の熱伝達係数の比の常用対数を示している

い一方、25℃以下で差がはっきりとみられる。18℃前後に変曲点が見られ、その温度は中心から壁面に向かって低くなっている。また10℃前後から14℃までの間に鋭いピークが見られ、ピークの温度も中心から壁面に向かって低くなっている。

乳脂肪が複数の成分で構成されているか、もしくは油脂同士が複雑に結び付きあって、あたかも高分子のように振る舞い、冷却の速さに影響を及ぼしている可能性がある。

油脂の状態変化による泡の高さの変化

油脂の状態変化、特に流動性を生じる温度が、牛乳の泡が立ち始める温度にほぼ等しいことは前述した。そこで、油脂の流動性と牛乳の泡立ちの関係を見るために、無脂肪牛乳中に乳脂肪とは異なる油脂を溶かすことにより、乳化されている油脂の融点が牛乳とは異なる溶液を作製し、泡立ちを比較することによって、油脂の流動性が泡に関与しているかを調べた。

使用した油脂はバターとサラダ油の2種類である。サラダ油は常温域でも液体であるが、バターは常温域では固体である。これらの油脂をそれぞれ乳化した溶液の常温域での泡立ちを比較することによって、油脂の状態が泡立ちに与える影響を確認した。

各温度での泡の高さを、油脂の種類別に図6に示した。なお、最も奥に

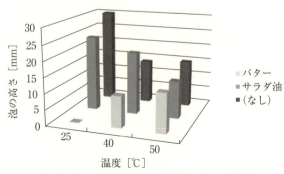

図6 添加した油脂別の温度と泡の高さの関係

示した黒のグラフは、比較のために油脂を添加しなかった無脂肪乳の泡の高さを示している。

　25℃の条件下ではバターを含む牛乳は泡立たず、サラダ油を含む牛乳は泡立った。また、40℃、50℃の条件下では、バター、サラダ油ともに泡立った。このことから、脂肪分を含む牛乳では、その脂肪が液体の場合泡が立ち、固体の場合泡が立たないといえる。

まとめおよび今後の課題

　牛乳の泡には、特に脂肪分を含む牛乳において、顕著な温度依存性があり、さらに脂肪分の有無によっても性質に差異が生まれるという特徴がある。無脂肪牛乳の場合は、タンパク質が界面活性剤としてはたらき表面張力を弱めるため、どの温度域でも泡が立つ。

　一方、脂肪分を含む牛乳は水とほぼ同じ表面張力をもつが、約30℃以上の高温になると乳脂肪が融解するため、界面活性剤となるタンパク質とともに泡の表面に層を作り、泡を形成できるようになることが実験結果から考察された。各温度領域における牛乳の泡の概念図を図7に示した。

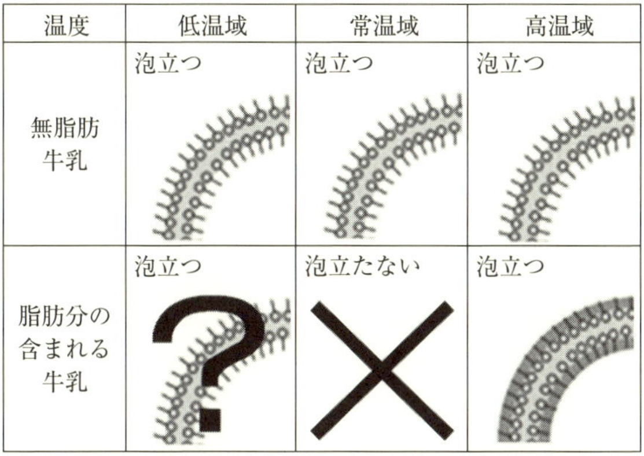

温度	低温域	常温域	高温域
無脂肪牛乳	泡立つ	泡立つ	泡立つ
脂肪分の含まれる牛乳	泡立つ？	泡立たない	泡立つ

図7　牛乳の泡の概念図。うすい灰色の層が水、濃い灰色のものが油脂、丸と棒がそれぞれタンパク質の親水性部分、疎水性部分を表す

20℃以下の低温で形成される泡については未検証であり、泡の立つ理由は解明できていない。ただ、図5において、10℃から14℃の低温域において特徴的な構造が認められたため、低温で立つ泡についても乳脂肪が関与している可能性が示唆される。たとえば、低温で脂肪分を含む牛乳を泡立てると、泡が消えた後に容器の壁面に白色の粒が付着していた。この粒が乳脂肪であるとすれば、撹拌することによってタンパク質と乳脂肪が分離したことになる。また、図5に見られた特徴的な構造が乳脂肪の結晶化によるものならば、乳脂肪とカゼインミセルとの結び付きが結晶化によって弱まると考えることができる。

　このことについては、脂肪分を含む牛乳の泡について、低温域と高温域で泡の成分を比較することによって明らかにできるであろう。

【謝　辞】

　本研究の実験を指導し、まとめるのに際し助言を頂いた竹本宏輝先生に感謝します。また、私たちに先行研究を残してくださった杉山賢子先輩、羽尾清美先輩、小林碧先輩に感謝いたします。

[参考文献]

1)　北原文雄、『界面・コロイド化学の基礎』、講談社、1995
2)　伊藤肇躬、『乳製品製造学（増補版）』、光琳、2011
3)　自然科学研究機構 国立天文台、『理科年表』、丸善、2008

● 努力賞論文

受賞のコメント

受賞者のコメント

はじめは手探りの状態だった
●京都府立洛北高等学校　サイエンス部物理班

　先輩方の研究を受け継いで始めたこの研究だったが、牛乳の泡の形成原理については未知のところが多く、はじめは手探りの状態だった。界面活性剤となりうるタンパク質だけでなく、それに影響を与えるであろう油脂の存在など、ファクターが複数あったため、実験の企画にも苦労した。実験のたびに仮説に反するような結果が得られ、それを修正しようとするとまた別の点で矛盾が生じるなど、まとまった仮説を立てられないような状況が続いた。そんな中でも、授業で習った知識を十分に活用し、仲間と議論を重ねることで、少しずつ結論を確かなものとしていくことができた。最終的にすべての実験結果で満足するような結論を導けたことは大変嬉しい。研究を進める中でどうしても行き詰ったとき、別の視点から見つめなおすヒントを与えてくださった顧問の先生に深く感謝したい。

指導教員のコメント

牛乳への愛着が研究を大きく前進させた
●京都府立洛北高等学校　教諭　竹本　宏輝

　この研究は生徒の「泡はなぜ立つのか？」という素朴な疑問に端を発している。最初、牛乳の泡立ち方をタンパク質の変性に求めたためになかなか研究を前に進めることができなかったが、バターの溶ける温度が牛乳の泡が立ち始める温度に近いことへの気づきが研究を大きく前進させた。生徒の研究対象である牛乳への愛着がなければこの気づきはなかったであろう。

　この研究を通じて生徒たちは朝永振一郎博士の言葉「ふしぎだと思うこと、これが科学の芽です。よく観察してたしかめ、そして考えること、これが科学の茎です。そうして最後になぞがとける、これが科学の花です」を実践してくれたと信じて疑わない。彼らの更なる飛躍を期待したい。

未来の科学者へ

論文をまとめる能力は目を見張るものがある

　本論文ではカフェラテやカプチーノなどに入れる泡立てた牛乳を研究対象としている。温度により牛乳の泡立ちやすさが変化する理由について仮説をたて、それを検証する実験を行い、実験結果に基づいて結論を導いている。身近にあるものを研究対象としている点も本論文の特徴である。

　この論文で印象に残ることは、測定手段が限られているなかで、自らたてた仮説を検証するために工夫して実験方法を考えていることである。考察も実験結果に基づいて論理的に行っている。手がかりが少ない状態から、実験結果に基づいて少しずつ不明な点を明らかにしていく姿勢は好感が持てる。

　本論文によると、牛乳は摂氏数十度ではよく泡立つが、温度を下げて行くと35℃前後の狭い温度範囲で急に泡立たなくなる。この変化が起こる温度域が乳脂肪の流動性が変化する温度域と近いことから、乳脂肪と結びついた乳タンパクの界面活性剤としての効果が変化し、泡立ちやすさが変わるという結論を導いている。ただし、泡立ちやすさは比較的狭い温度範囲で変化するのに対し、乳脂肪の流動性は比較的広い範囲で徐々に変化するという結果も示されている。これらの違いに関する考察が足りない面もあるが、流動性の高い油脂を加えた実験を行い、この結論を確かめようとしている。

　本論文の文章や議論は論理的で、単一の実験結果だけからではなく多面的に検討して結論を導いている。論文作成に関与した5名の高校生は測定手段を工夫して実験を行い、その結果に基づいて論理的に考察していて、論文をまとめる能力は目を見張るものがある。彼らは「未来の科学者」としての素質を十分備えていると考えられる。今後の更なる成長と活躍を期待したい。

（神奈川大学工学部　教授　池原　飛之）

努力賞論文

被災地の農地再生に向けて
(原題：塩ストレス下におけるダイズ根粒菌着生に及ぼす各種資材の効果
～被災地での環境配慮型ダイズ栽培の確立へ向けて～)

兵庫県立加古川東高等学校　理数科根粒菌班
3年　梶原 智明　塩平 真士　堀 洋平　松本 葵　松本 慎一

被災地に肥沃な土壌を作り出す

　津波や高潮の影響を受けた農地での作物栽培を再開するために、私たちは根粒菌を利用した作物栽培方法に着目した。根粒菌は窒素固定を行い、マメ科植物の成長を促進し、肥沃な土壌を作り出すことで、塩ストレス土壌の除去・廃棄をすることなく作物栽培を可能にする。しかし、根粒菌は比較的耐塩性を示すが、塩ストレス下では根粒着生が阻害されるため、土壌に資材を混入することで根粒着生を促進できないかと考え研究をスタートさせた（図1）。

　私たちは「大規模な農地改良を行わない環境配慮型農地再生方法」として、本研究を、農地再生が進まず、農業を再開できずにいる中小規模農家に提案したいと考えている。

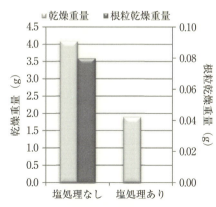

図1　塩ストレスが乾燥重量（植物体成長の指標）と根粒乾燥重量（根粒着生の指標）に及ぼす影響

実験方法

1 土壌に混入する各種資材

野菜栽培用の土を115℃、15分間オートクレーブ殺菌し、これを標準土壌（B）とする。この土に全体積20％の卵殻粉末（E）、燻製もみ殻（Ms）、生もみ殻（Mr）、竜山石（兵庫県高砂市伊保町竜山に産する流紋岩質凝灰岩で、高級石材である。実験には石材を切り出し、成形する際に出る廃棄粉末を用いた）粉末（T）、チョーク粉末（C）を混入、P、K肥料（P）は2.5gを混入し、数日おきに数回2%NaCl溶液を与え、塩ストレスを与える。2週間後、ダイズを収穫し、植物体乾燥重量と根粒乾燥重量を測定する。実験はハウス内で行い雨水の影響は受けない。

2 土壌のEC値およびpH値比較

2014年3月にJA仙台の協力のもと宮城県仙台市若林区（六郷地区）を訪問し、土壌を採取する。採取した被災地土壌と前項1の塩処理をした実験土壌を、ECメータを用いて土壌のEC値を測定、pHメータを用いて土壌のpH値を測定する（図2）。

3 現地栽培実験

2014年6月下旬より宮城県岩沼市の被災農地で、栽培実験を行う。

図2　JA仙台との現地調査（六郷地区のダイズ不作地）

①資材混入なし
②卵殻 20%
③卵殻 10%
④燻製もみ殻 20%
⑤燻製もみ殻 10%
⑥卵殻 10%＋燻製もみ殻 10%
⑦卵殻 5%＋燻製もみ殻 5%

の実験区を設け、約 10 週間後に収穫する。乾燥後、植物体乾燥重量と根粒乾燥重量を測定する。

結果と考察

1　各種資材の効果

　塩ストレス下において、資材を混入した結果、卵殻が成長に、燻製もみ殻が根粒着生に最も効果的であった。これは卵殻や燻製もみ殻が大小様々な孔をもつ多孔質構造をしているため、土壌微生物の自然繁殖が助けられ団粒構造が長期間保持されたことによる。また、孔隙を持つため根の張りをよくした。さらに塩分を吸着して塩ストレスを緩和した。これらのことが成長にも良い影響を与え、土壌環境が改良され、ダイズの成長や土壌微生物の繁殖が促進されたためである。この結果により、卵殻と燻製もみ殻において現地実験を行うこととした（図 3）。

2　土壌の EC 値および pH 値比較

　測定の結果、pH 値は実験土壌と被災地土壌のどちらにおいてもダイズの生育最適 pH であった。EC 値は、実験土壌が被災地土壌を大幅に上回ったため、前項 1 の実験結果が被災農地での作物栽培でも有効であると示唆された（表 1）。

3　現地栽培実験

　私たちは現地の環境で研究の実用性を検討するために、宮城県農業高校、JA 仙台と提携を結び、2014 年 6 月下旬から宮城県岩沼市玉浦地区で現地

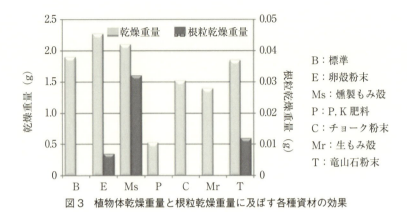

図3 植物体乾燥重量と根粒乾燥重量に及ぼす各種資材の効果

表1 土壌のEC値およびpH値

測定土壌	被災地土壌	実験土壌		
	六郷地区	標準	卵殻	燻製もみ殻
EC〔mS/cm〕	0.66	2.18	2.07	2.55
pH	6.3	6.2	7.9	5.9

図4 現地実験を実施する農地（宮城県岩沼市玉浦地区）

図5 実験地に資材を混入

の農家による実験を実施している。実験地は震災後初めてのダイズの作付けを行う農地である（**図4、図5**）。

　現地栽培実験の途中結果では、⑥卵殻10％＋燻製もみ殻10％の実験区が植物体の成長と根粒着生とも、もっとも効果がみられている。現地からの情報によると資材混入なしの区は、成長にばらつきが目立っていると報告

図6　現地栽培実験における生育状況

されている。そのため、資材を混入することは効果があるといえる。また、2種類の資材を組み合わせることで相乗的な効果が得られた（図6）。

今後の課題

　本研究の結果から資材を混入することにより、塩ストレス下においてもダイズの成長と根粒着生が向上することがわかった。このことにより、本研究を「大規模な農地改良を行わない環境配慮型農地再生方法」として、東北地方で9割を占める中小規模農家に提案したいと考えている。

　今回は根粒菌着生および植物の初期成長を重視しているため、収穫期まで栽培を行っていない。そのため地元の農業高校や大学、研究機関や企業との共同研究、そして引き続き現地の農家との連携を行うことにより実用的なデータを得ることが求められる（図7）。

図7 研究協議の様子（宮城県農業高校にて）

[参考文献]

1) 間藤徹、馬建鋒、『植物栄養学 第2版』、文永堂出版、2010
2) 横田明、「耐塩性根粒菌の分離と宿主マメ科植物への耐塩性の付与に関する研究」、ソルト・サイエンス研究財団2006年度一般公募研究助成報告書、pp.313-323、2006
3) 本島裕三、「被災地の農業・水産業の現状と課題、立法と調査」、立法と調査、No.341、pp.34-39、2013、農林水産委員会調査室
4) 緒方英彦、服部九二雄、高田龍一、「造粒した籾殻炭を混合したコンクリートの基礎的性質」、コンクリート工学年次論文集、Vol.28、No.1、pp.1379-1384、2006

被災地の農地再生に向けて

努力賞論文

受賞のコメント

受賞者のコメント

「復興支援」という目標で研究を続けてきた
●兵庫県立加古川東高等学校　理数科根粒菌班

　私たちの研究がこのような評価を受けたことを大変嬉しく思う。当初から「復興支援」という目標で研究を続けてきたことが東北での実験の実現につながった。研究に賛同していただいた宮城県農業高校の皆さんや、実験地を提供していただいた農家の皆さま、現地調査に同行・案内していただいたJA仙台の皆さまなど、多くの方々のご協力のもと、自校での実験だけでは実用性が不明瞭であった本研究を、検証実験し、確立することができた。また、本研究のアドバイスをいただいた鳥取大学の山田智准教授や、指導していただいた課題研究担当の先生方に感謝するとともに、これらの経験をもとに、将来の目標としている研究者としての夢の実現に繋げていきたい。

指導教員のコメント

被災地から力をいただいた研究
●兵庫県立加古川東高等学校　教諭　猪股　雅美　実習助手　野崎　智都世

　今回の研究は、生徒の「被災地の農業を復興させたい」という思いで始まったのだが、研究を通じて感じたことは、被災地への支援というより被災地から力をいただき、完成した研究であったということだ。訪問した宮城県では、同年代の農業高校生と研究について協議し、現地の農家の方に土地を借りて実験させていただき、JA仙台の皆さんには様々な資料を提供していただいたりと、多くの励ましを受けた。農業の知識もなく、校庭の片隅で栽培実験を行い、失敗を重ね、汗と泥だらけになりながらの研究であったが、継続できたのはそれらの多くの方々の支援があったからこそだと考えている。社会に直接つながる研究が、生徒の進路に明確な目標を与えた。

未来の科学者へ

「何とか力になりたい」との思いが溢れている

　2011年の震災から丸4年。2013年4月から1年半かけて行った研究の成果が本論文とのこと。東北地方を訪れた生徒たちは、農業の現状を目の当たりにし、「何とか力になりたい」と強く思ったに違いない。そのような生徒たちの思いがこの論文には溢れている。

　宮城県が全国のダイズ生産量第4位だったことから、他の植物を栽培するよりも、もう一度ダイズを栽培できるような土壌環境を整えるための条件を検討した点、また実験室レベルで資材の土壌環境への影響を詳細に調査し、そこで得られた結果を基に現地で調査した点は大いに評価したい。

　ただ「実験結果」の書き方が非常にわかりにくかった点が残念であった。また、今回の論文のように図・表が結果の中に埋め込まれている場合は、それらの配置にも気を使う方が読み手に親切である。「実験結果」はやったことをただその通りに羅列すればいいわけではないし、「材料・方法」のところで前述したからといって説明を省略していいわけでもない。「実験結果」は研究全体を一つのストーリーとして読み手にわかり易く伝えるために、行った実験一つ一つについて、目的を提示するとともに実験内容について丁寧に説明する必要がある。実は「実験結果」だけに限らず、論文全体の書き方次第で論文のグレードが上がったり下がったりすることがある。

　本研究は研究成果をすぐさま応用面に繋げ、宮城県の農家による実験を実施し、実用化に結びつきそうな結果が得られているすばらしい研究である分、この「実験結果」の書き方がもう一歩だったことが残念であった。今後はぜひ、論文の書き方についても学んでいただき、さらなる研究の発展を期待したい。

（神奈川大学工学部　助教　中川 理絵）

努力賞論文

クマムシが「最強の生物」である所以(ゆえん)
（原題：クマムシの乾眠耐性に関する研究）

愛媛県立今治西高等学校　生物部クマムシ班
２年　白山 由希子　村上 碧野

研究のきっかけ

　私たちは「最強の生物」と呼ばれるクマムシ（*tardigrade*）について興味をもった。クマムシが強い極限環境耐性をもつことはよく知られているが、どのクマムシ種も同じように強い耐性があるのか、また、どの程度の耐性があり、どのようなしくみで耐性を得ているのかについて疑問に思い、クマムシの耐性に関して調べることにした。

クマムシとは

　クマムシは緩歩動物門という独自の門を有し、約 1200 種が知られている。体長は 0.1 〜 0.8 mm と小さいので双眼実体顕微鏡で観察した。クマムシという名前は、4 対 8 本の脚でクマのように歩く様子から名づけられた。多くのクマムシはコケの中に生息しており、乾いたコケの中では tun（タン）状態と呼ばれる形状で休眠（乾眠）している（図 1）。

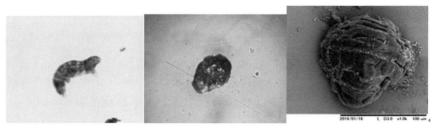

図1　水中で活動中のオニクマムシ（左）、オニクマムシの tun 状態（乾眠）（中）、
　　 tun 状態の電子顕微鏡写真（長さ約 100μm：愛媛大学で撮影）（右）

クマムシの採集

　学校の近くの道路端のコンクリート壁から乾燥したギンゴケを採ってきてシャーレに入れ水に浸し、10～15 分ほど待った後、水中で動き始めたクマムシを顕微鏡で探し、ピペットを使って周囲の水ごとクマムシを採集した。捕獲したクマムシはすべて 1mm 以下の大きさで、真クマムシ綱のオニクマムシとチョウメイムシ、異クマムシ綱のトゲクマムシの 3 種を得た。そのうちトゲクマムシは非常に少なかった。

クマムシの乾眠耐性

　それぞれのクマムシを tun 状態に導入した後、以下の実験①、②を行って乾眠中のクマムシの種による極限環境耐性の違いについて調べた。

1　実験①：3 種のクマムシの繰り返し乾眠耐性

【方　法】コケからクマムシを採取し、シャーレ内で乾燥させて tun 状態にする。翌日、その tun 状態のクマムシを水に浸して活動状態に戻った割合を測定し（1 回目）、再び乾燥させて tun 状態にして、また翌日に水に浸し、ということを同じクマムシを使って繰り返す。クマムシは途中で餌を摂ることができないので、最後には衰弱して死ぬ。

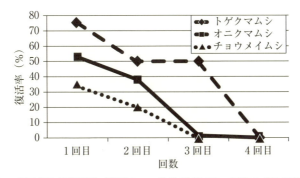

図2　繰り返し乾眠耐性（最初のtun化前が100％、最後の0％は死滅）

【結　果】図2のように、繰り返し乾眠耐性はトゲクマムシ＞オニクマムシ＞チョウメイムシの順に高いことがわかった。

2　実験②：オニクマムシとチョウメイムシのtun状態での極限環境耐性

【方　法】オニクマムシとチョウメイムシを乾燥させてtun状態にした後、さまざまな環境ストレスを与えてから、水に浸して活動状態に戻るかどうかを調べた。

【結　果】文献によるヨコヅナクマムシの乾眠耐性は、−273℃〜151℃、真空〜1000気圧、ヒトの致死量の1000倍の放射線などであるが、同じ条件を作ることができないので可能な限りの環境ストレスを与えてみた。その結果、tun状態のオニクマムシは100℃・5分、−20℃・1週間、真空パック1週間、500W電子レンジ5分で、吸水後に活動を再開したが、tun状態のチョウメイムシはいずれの条件でも死滅した。乾眠時の環境ストレス耐性は、トゲクマムシ＞チョウメイムシである。

クマムシの耐性に関する物質

　クマムシの耐性に関する物質として、従来は昆虫の休眠移行時に蓄積されるトレハロースが注目されていたが、最近の文献では乾燥によって休眠する生物に蓄積される物質として、HS（熱ショック）タンパク質やLEA

タンパク質が報告されている。また、オニクマムシの乾眠移行時に蓄積されるトレハロースはほとんどないという報告もある。そこで、クマムシに含まれるタンパク質に注目し、電気泳動で比較した。

1 タンパク質の電気泳動（SDS-PAGE）

【方　法】愛媛大学理学部でクマムシのタンパク質の電気泳動を行った。オニクマムシとチョウメイムシを各100匹ずつtun状態にしてからSDSを加えて磨り潰したものを試料とした。電気泳動には15％ポリアクリルアミドゲルを用いて25 mAで70分間泳動し、染色にはCBB（クマシーブリリアントブルー）R250を用いた。

【結　果】図3のように、オニクマムシとチョウメイムシではタンパク質の組成が大きく異なり、オニクマムシの方が非常に種類が多く濃いバンドも多い。先行研究によるヨコヅナクマムシの乾眠耐性に関与するタンパク質と一致するバンドは、オニクマムシの60 kDaとチョウメイムシの70 kDa（HSタンパク質）、オニクマムシの26 kDa（LEAタンパク質）と、33 kDa、27 kDa、19 kDa（2010年の極限環境生物学会年会で東京大学大学院の國枝武和先生が報告した新規発見の抗凝集性タンパク質）である。

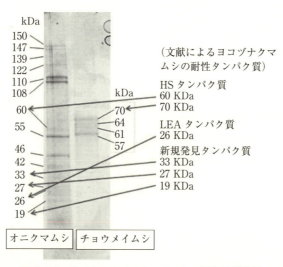

図3　オニクマムシとチョウメイムシの電気泳動結果

2 tun状態のオニクマムシが活動を再開する条件

　研究1年目の夏は、tun状態のオニクマムシに水を浸しても、活動を再開する割合が大幅に低下した。春はtun状態のオニクマムシが吸水後10〜15分で動き始めたので、吸水して1時間以上経っても動き始めない場合を「死」と判定した。その条件で、7〜9月はtun化したオニクマムシの大部分が死んだ。しかし、秋ごろになると、tun化したオニクマムシに吸水させると活動を開始するようになり、春ごろと同じ結果になった。また、集団でtun化させるよりも単独でtun化させる方が活動再開率が低かった。そこで研究2年目は、tun化したオニクマムシが活動を再開する条件を調べることにした。

3 実験③：クマムシの数によるtun状態からの活動再開率の違い

【方　法】オニクマムシの10匹集団でtun化したものと、1匹ずつ個別状態でtun化したものとで、吸水後1時間以内に活動を再開した割合（％）を比較した。

【結　果】活動再開率は、10匹集団で33％に対し、個別では7％であった。活動を再開する際に相互作用を及ぼす物質が分泌されていることが推定される。

4 実験④：季節によるtun状態からの活動再開率の違い

【方　法】春から秋にかけての気温（℃）と吸水後1時間以内に活動を再開した割合（％）の変化を測定した。

【結　果】4月（14℃）46％→6月（26℃）50％→7月（30℃）10％→8月（32℃）5％→10月（18℃）53％と変化した。気温が30℃以上に上昇することが活動再開率に悪影響を与えていることがわかる。

5 実験⑤：tun状態から活動再開までに要する時間

　前記の実験④の後、活動状態に戻らなかったtun状態のオニクマムシを水に浸したまま放置しておいたところ、翌日に多数のオニクマムシが活動状態になっているのが観察された。春には、水に浸してから10〜15分で多くのオニクマムシがtun状態から活動を再開していたため、tun状態のオニクマムシに水を浸して1時間以内に活動を再開した場合を計測の対象としていた。実際、生物実験室で放課後の部活動に利用できる研究の時間

は、平日は下校まで1〜2時間しか確保できなかったため、それが観察の限界でもあった。しかし、気温が上昇する夏は、tun 状態から活動再開までに長時間を要することが示唆された。そこで、気温が 30℃以上になる 8 月に、活動再開までに要する時間を測定した。
【方　法】オニクマムシの 10 匹集団を tun 化させた後、水を浸して活動を再開する割合を時間を追って測定した。昼間の気温は 32℃であった。
【結　果】1 時間以内で活動を再開したものは 0%だったが、5 時間後に 20%、24 時間後に 80%のものが活動を再開した。気温が 30℃を超える夏は活動再開までに長時間を要するようになるので、短時間では活動再開率が低下したように観察されることがわかった。従来は 1 時間で測定を終了していたので、他の実験でも長時間で測定し直す必要性を感じている。

考察および今後の課題

1　クマムシの種による乾眠耐性の違い

　学校周辺のギンゴケから、オニクマムシ、チョウメイムシ、トゲクマムシの 3 種を採集することができた。その数は、オニクマムシ＞チョウメイムシ＞トゲクマムシの順に多く、tun 状態での乾眠耐性の強さはトゲクマムシ＞オニクマムシ＞チョウメイムシの順であった。チョウメイムシの耐性はきわめて弱かった。

2　クマムシの乾眠耐性に関与する物質

　オニクマムシとチョウメイムシでは、電気泳動によるタンパク質の組成に大きな違いがあった。含まれるタンパク質の種類は、強い乾眠耐性をもつオニクマムシで多かったのに対し、弱い乾眠耐性のチョウメイムシでは少なかった。また、オニクマムシがもつタンパク質の多くに、先行研究で乾眠耐性物質として報告されている HS タンパク質、LEA タンパク質、新規発見の抗凝集性タンパク質との分子量の一致が見られた。

3　個別と集団の違い

　オニクマムシは、水滴中に tun 状態で 1 匹ずつ存在するよりも、集団で

存在する方が活動状態に戻りやすい。これは、オニクマムシが分泌する物質に仲間同士での相互作用に関与するものが存在する可能性がある。この知見に関しては先行研究に関係するものが見つからなかったので、今後の解明を進めていきたい。

なお、2010年の極限環境生物学会年会で東京大学大学院の國枝武和先生がヨコヅナクマムシから発見したと報告した抗凝集性タンパク質のうち、19 kDa のものは体外分泌型のタンパク質である。何らかの関係があるのではないだろうか。

4　活動再開までの温度の影響

春と秋は、tun状態のオニクマムシは吸水してから 10〜15 分で半数以上が活動を再開し、1時間後には変化がほぼなくなった。夏は1時間以内では活動を再開することができず、5時間後から活動を開始し、24時間で活動再開率が80％に達した。このことから、tun状態からの活動再開に必要な物質は、30℃以上の高温では反応が鈍いのかもしれない。または、吸水してから活動再開に必要な物質を合成するのに30℃以上だと長時間を要するようになるのかもしれない。

今後、インキュベーターを使って温度別に設定した実験を行い、長時間の観察を進めてこの現象の解明をしていきたい。なお、先行研究に季節によって活動再開率が変動する知見がなかったのは、大学や研究機関の実験室がエアコンで年中一定の室温が保たれているために、季節による温度の影響が観察されなかったためではないだろうか。ちなみに、私たちが毎日実験を行っている本校の生物実験室は、夏はサウナで冬は冷蔵庫のようになるので、季節の変化を肌で感じることができる。

おわりに

今回、クマムシを題材に研究を進める中で、最強の生物として括られているクマムシにも、種によっていろいろな耐性の違いがあることがわかり、とても興味深かった。さまざまな極限環境に耐性を有する乾眠状態につい

て調べていくことが楽しかった。調べるほどに新しい疑問が生じ、未知の領域を解明しようと工夫を凝らした実験に取り組むことに喜びを感じた。また、先行研究にない新しい課題を発見することもできた。これからもクマムシの研究を続けていきたい。

【謝　辞】

本研究を進めるにあたり、愛媛大学理学部の林秀則先生からタンパク質の電気泳動を、愛媛大学教育学部の向平和先生から電子顕微鏡写真の撮影をご指導いただきました。ここに記して謝辞を表します。

[参考文献・HP]

1) 鈴木忠、『クマムシ？！小さな怪物』、岩波書店、2006
2) 堀川大樹、『クマムシ博士の「最強生物」学講座』、新潮社、2013
3) 鈴木忠、森山和道、『クマムシを飼うには―博物学からはじめるクマムシ研究』、地人書館、2008
4) 田中誠二、小滝豊美、田中一裕 編著、『耐性の昆虫学』（第12章「ヨコヅナクマムシの乾眠と極端な環境に対する耐性、堀川大樹」）、東海大学出版会、2008
5) 「クマムシを見つけよう」
http://plants.cc.kochi-u.ac.jp/～matsumoto/tardigrades/observe/index.html
6) 「YOKOZUNA PROJECT ～クマムシの研究」
http://www.tardigrades.net/index.html
7) 「Sleeping Chironomid 耐性の研究」
http://www.nias.affrc.go.jp/anhyrobiosis/Sleeping%20Chironimid/taisei.html
8) 「クマムシ・ゲノム・プロジェクト」
http://www.kumamushi.net/
9) 「極限環境生物学会誌」
http://www.extremophiles.jp/gakkaishi.html

● 努力賞論文

受賞のコメント

受賞者のコメント

実験結果の予想との違いをチャンスに転換
●愛媛県立今治西高等学校　生物部クマムシ班
２年　白山 由希子　村上 碧野

　私たちは、身の周りにある器具で最大限に工夫して実験に取り組み、高校生らしい研究を心掛けてきた。研究といっても、クマムシの採集から始まり、最初はただひたすら数を集めるという我慢の作業だった。しかし、実験が進むにつれて新しく発見する喜びを知り、研究を楽しく感じられるようになった。課題が見つかったらその解決に向けて対策を練り、実験結果が予想と違っていたら「それをチャンスと思って」考察を深めた。今回、その努力が認められることになり、大変嬉しく思う。これからも、ご指導いただいている先生方への感謝の気持ちを忘れずに頑張っていきたい。私たちは文系クラスの生徒だが、生物部の活動がとても楽しい。

指導教員のコメント

クマムシへの愛着をもった研究
●愛媛県立今治西高等学校　生物部顧問　中川 和倫

　この研究は、生徒が生物部に入部してから１年半かけて達成したものである。生徒はふたりとも文系クラスの２年生であるが、毎日熱心に部活動に取り組み、先行研究にない発見に到達した。途中、クマムシ採集地のギンゴケが大掃除で完全に撤去されたり、室温が一定に保たれた大学での先行研究と寒暖の差が激しい本校実験室でのデータが整合しなかったりと、苦労も多かった。しかし、生徒は「クマムシ可愛い」と研究対象に愛着をもって実験データを積み上げていき、学会でのポスター発表での質疑応答で知見を深めていった。その努力を評価していただけたことが今回の入賞につながったと感じ、たいへん感謝している。

未来の科学者へ

高校生でなくては気づかないこれまでにない新しい発見

　クマムシは寒冷、暑熱、乾燥、真空、圧力などに対する強い耐性があり、地球最強生物とも呼ばれている。私もその不思議な能力に惹かれ、クマムシを研究材料に使えないかと考えたことがあるが、クマムシを十分に集めることができずに断念した。この様な経験があったことから、高校生が野外から材料のクマムシを集めて実験し、しかも科学論文に仕上げてきたことに感心した。本論文には、クマムシの乾眠状態からの蘇生は一様ではなく、季節によって蘇生に要する時間が異なったり、他個体の存在によって蘇生率が変わることが示されている。これらは高校生でなくては気づかないものばかりで、これまでにない新しい発見と思われる。これらの現象がどの様なメカニズムで起きているのかを、今後も継続して研究を展開し明らかにするとおもしろい。

　本論文は高校生が書いたものとしては優れてはいるが、改善すべき点がいくつかある。まず、材料と方法の記述が十分でない。例えば、クマムシの耐性に関する物質を調べる実験では、クマムシからのタンパク質の抽出法が詳細に書かれていない。さらに、蘇生に季節性が観察されるのであれば、何月のクマムシを使ってタンパク質を抽出したのかも書かなくてはならない。もう一つは、科学論文としての体裁を整えた方が良い。科学論文に研究の感想を載せる必要はない。これらのことが改善されれば、本論文はさらに素晴らしいものになる。

　最後になるが、高校生が授業の合間をぬって本研究を遂行し、この論文を執筆したのには正直驚かされた。今後、専門的な知識を学び、経験を積んで、科学の専門家を目指して欲しいものである。

（神奈川大学理学部　准教授　大平　剛）

努力賞論文

ヨットが風上に進める理由
(原題：ヨットの帆の材質や形状と走行性能の関係についての研究)

愛媛県立八幡浜高等学校　自然科学部ヨット班
２年　髙市 合流　立花 優弥

研究の動機

　ヨットは、エンジンを使わず風の力を利用して風上に進むことができる。私たちは、なぜ風上に進めるのか、どのような物理現象が起こっているのか、また、風という原動力を最大限に活かすにはどうすればいいかなど、多くの疑問を持ち、解明したいと思った。
　そこで本研究では、帆の形や素材、風の方位を工夫することで、ヨットに加わる力にどのような変化が現れるかを調べることにした。

ヨットの動き

1　ヨットが風上に向かって進む理由

　ヨットの帆が風を受けると帆がふくらむ。この時、**図1**に示すとおり、帆には揚力と抵抗力が生じる。揚力を f_y、抵抗力を f_x とし、その合力を F とする。
　図2のように帆に対して θ の角で風が吹いた時を考える。帆にはたらく合力を F とし、帆と合力のなす角を a、風とヨットの進行方向のなす角を

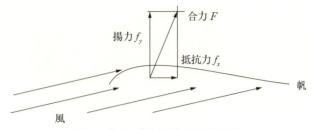

図1 帆には揚力と抵抗力が生じる

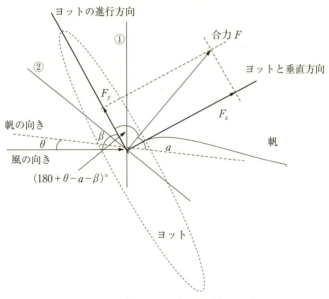

図2 帆に対してθの角で風が吹いた時

βとする。また、風の向きと垂直な直線を①、合力Fと垂直な直線を②とする。ヨットの進行方向が直線①と直線②の間にあれば、ヨットは風上に進む。

図2より、合力のヨットの進行方向の分力F_y、垂直な方向の分力F_xは、それぞれ

$$F_y = F\cos(180+\theta-a-\beta)°$$
$$F_x = F\sin(180+\theta-a-\beta)°$$

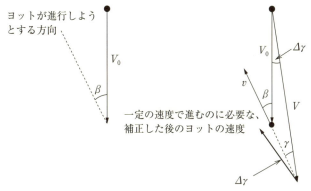

図3 ヨットの進行方向の関係

となる。垂直方向の力はキールで打ち消されヨットの進行に関係がない。

本研究では F_y を求め、角 β と F_y の関係からヨットの動きを検証する。

2 ヨットの進む方向の補正

風の速度を V_0、ヨットの速度を v、ヨットに対する風の相対速度を V、ヨットが進行しようとする方向と風のなす角を β、ヨットの進行方向と風の相対速度のなす角を γ、風の速度と風の相対速度のなす角を $\Delta\gamma$ とする。ヨットの速度が 0 の場合と v の場合、V_0 とヨットの進行方向の関係は図3で示すとおりである。

ただし、

$$\beta = \gamma + \Delta\gamma \quad \text{……①}$$

$$\Delta\gamma = \beta - \tan^{-1}\left[\frac{V_0 \sin\beta}{V\cos\beta + v}\right] \quad \text{……②}$$

となる。

測定装置と測定方法

1 ヨットにはたらく力の測定方法

(1) ヨットの帆の作製

ヨットの帆にはたらく力を測定するため、帆の模型を作製した。帆は**写真1**のようなビニール帆、三角固定帆、四角固定帆、四角固定翼型帆の4

写真1 作製した帆の模型

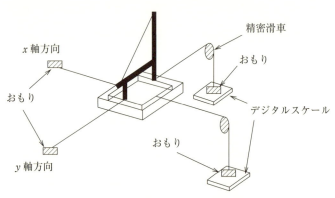

図4 ヨットにはたらく力を測定

種類である。三角帆は底辺18 cm、高さ24 cmの直角三角形、四角帆は縦18 cm、横12 cmの長方形に切り取り、マストに取り付けて帆とした。

(2) ヨットにはたらく力の測定原理

　図4で示すとおりヨットにはたらく力を測定した。

①各帆を固定した板を、鉄球を敷いた箱の上に置き、滑らかに動くようにする。

②帆の固定してある板の中心付近に前後左右に糸を取り付ける。

③帆に平行な方向をx軸、垂直な方向をy軸とし、デジタルスケールを用いてx、y方向の力を求める。

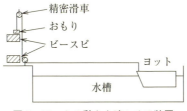

図5　ヨットの動きを確かめる装置

(3) 実験方法
　帆と平行な方向に送風装置から風を送り、風の角を5°から45°まで5°ずつ変化させ、f_x, f_y を測定する。

2　ヨットの動きの確認
　測定した力で、ヨットが動くことを確かめるために、モデルを用いて確認した。

(1) ヨットのモデルの作製
　ヨットのカタログから、ヨットの帆の面積、長さ、最大幅、質量の関係を求め、長さ 6.0 m、最大幅 2.5 m、質量 950 kg、セイル面積 18 m² のヨットのモデルとして、長さ 25 cm、幅 9.0 cm、セイル面積 0.0216 cm²、質量 1.05 kg の模型を作製した。

(2) ヨットの動きを確かめる実験
　図5のような装置を使い、実験に用いた帆にかかる力でヨットのモデルが動くことができるかを確かめる実験を行った。

実験結果

1　ヨットの動きを確かめる実験
　実験結果を基に縦軸に加速度、横軸に落下おもりをとり、図6のグラフを得た。ヨットが一定の速度で前進するためには、進行方向に 0.3 gw 程度の推進力が必要であることがわかる。ヨットの速度によって水の抵抗力は変化するが、大まかな目安を求めるための実験とした。

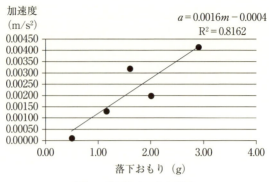

図6　落下おもりと加速度

表1　帆に平行な方向をx軸、垂直な方向をy軸とし、
デジタルスケールを用いてx、y方向の力を求める

θ (°)	ビニール帆				三角固定帆				四角固定帆				四角固定翼型帆			
	f_x (gw)	f_y (gw)	F (gw)	a (°)	f_x (gw)	f_y (gw)	F (gw)	a (°)	f_x (gw)	f_y (gw)	F (gw)	a (°)	f_x (gw)	f_y (gw)	F (gw)	a (°)
0	0	0	0.0	90.0	0	0	0.0	90.0	0	0	0.0	90.0	0	0	0.0	90.0
5	0	0	0.0	90.0	0	0	0.0	90.0	0	0	0.0	90.0	0	0	0.0	90.0
10	0	0	0.0	90.0	0	0	0.0	90.0	0	0	0.0	90.0	0	0	0.0	90.0
15	0	0	0.0	90.0	0	0	0.0	90.0	0	0	0.0	90.0	0	2	2.0	90.0
20	0	0	0.0	90.0	0	0	0.0	90.0	0	4	4.0	90.0	0	5	5.0	90.0
25	0	0	0.0	90.0	0	2	2.0	90.0	0	5	5.0	90.0	0	6	6.0	90.0
30	0	4	4.0	90.0	0	6	6.0	90.0	0	7	7.0	90.0	0	8	8.0	90.0
35	0	5	5.0	90.0	0	8	8.0	90.0	0	8	8.0	90.0	0	11	11.0	90.0
40	0	9	9.0	90.0	0	7	7.0	90.0	0	9	9.0	90.0	0	12	12.0	90.0
45	0	10	10.0	90.0	0	11	11.0	90.0	0	11	11.0	90.0	1	9	9.1	83.7

2　ヨットにはたらく力の測定

前述した「(3) 実験方法」の実験結果を**表1**に示す。なお、θ、f_x、f_y、F、F_x、F_y、α、β、γ、$\Delta\gamma$は前述の「ヨットの動き」で定義したものである。

3 ヨットが風上に対して進むことのできる角

一定の速度で進んでいる時の F_x の最小値は 0.3 gw である。この時ヨットが風上に対して進むことのできる最小の角は、p.197 の式①、式②より求めた。ヨットのハル速度 V_H（ノット）は、ヨットの水線長を L（フィート）とした場合、$V_H=1.34\times\sqrt{L}$ とした。モデルのヨットを 6.0 m としているので 20 フィートとすると、ハル速度は 3.06 m/s となる。また実験に用いた風速の平均から $V_0=5.18$ m/s として補正した。

実験結果と補正した値を**表2**に示す。

ビニール帆は、見かけの風に対して 34° より小さな角で風上に進むことはできない。しかし、風速が 5.18 m/s、ハル速度が 3.06 m/s であるため、補正すると 46.5° になる。よってビニール帆のヨットは、風上に対し 46.5° より小さい角方向には進めないという結果が得られた。同様に、風上に対し、三角固定帆は 45.1°、四角固定帆は 32.9°、四角固定翼型帆は 31.5° より小さい角方向には進めないことがわかった。結果を**図7**に示す。

4 ヨットの操船方法

ビニール帆、三角固定帆、四角固定帆の3種類では、風にして帆の向きを 45°、ヨットの進行方向を風に対して 90° にした時の推進力が最も大きかった。この3種類の帆を用いた時はヨットの走り始めは風に対し 45° に帆を張り、90° の方向に舵をとってハル速度に近づいてから風上方向に進むと

表2 実験結果と補正した値

θ (°)	ビニール帆			三角固定帆			四角固定帆			四角固定翼型帆		
	F_1 (gw)	β (°)	$\beta+\Delta\gamma$	F_1 (gw)	β (°)	$\beta+\Delta\gamma$	F_1 (gw)	β (°)	$\beta+\Delta\gamma$	F_1 (gw)	β (°)	$\beta+\Delta\gamma$
15	0			0			0			0.3	23	31.5
20	0			0			0.3	24	32.9	0.3	23	31.5
25	0			0.3	33	45.1	0.3	28	38.3	0.3	28	38.3
30	0.3	34	46.5	0.3	33	45.1	0.4	33	45.1	0.3	32	43.8
35	0.3	38	51.9	0.3	37	50.6	0.3	37	50.6	0.4	37	50.6
40	0.3	42	57.4	0.4	43	58.7	0.3	42	57.4	0.4	42	57.4
45	0.3	47	64.1	0.4	47	64.1	0.4	47	64.1	0.3	53	72.2

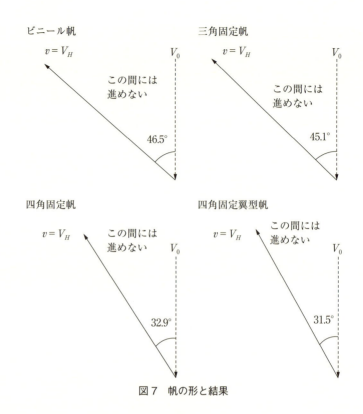

図7　帆の形と結果

効率的だとわかる。同様に四角固定翼型帆では、ヨットの走り始めは風に対し40°に帆を張り、90°の方向に舵をとってハル速度に近づいてから風上方向に進むと効率的だとわかる。

まとめ

ヨットは45°よりも風上方向には進めないといわれており、実験で示すことができた。
　ビニール帆は、帆が張らないと揚力を得ることができないが、他の帆は形が決まっており、揚力が得やすくビニール三角帆より風上に進む能力が高いことが判明した。四角固定帆と四角固定翼型帆は、マストを回転させ

ることで簡単に風を受ける方向を変えることができる。蛇腹にするなど工夫すれば折りたたみも簡単で、風上に進む性能が高いため、実用化できるのではないだろうか。

　四角固定翼型帆だけ走り始めの時に、風と帆の角を40°にしなければならなかった。翼型帆の下面が平面になっているため風との角を45°にすると、風が上手く流れなかったのではないか。また風の流れが乱れ、揚力も小さくなった可能性もあると考えた。

　この研究を通して、ヨットの進む仕組みや揚力について理解を深めることができた。今後はさらに研究を深めたい。

[参考文献]

1)　八木陸郎、「簡易風洞実験器」、第26回東レ理科教育賞奨励作品、1994

受賞のコメント

受賞者のコメント

小さな要因も見逃さない研究を志した

●愛媛県立八幡浜高等学校　自然科学部ヨット班
　2年　髙市 合流　立花 優弥

　ある条件下でヨットが風を上手く利用して風上に進むことができることに興味を持った。送風機から出る風を均一にする方法、ヨットに加わる力の測定方法など試行錯誤しながら実験を重ねた。

　最初は、測定データから求めた風上への進行方向の最小角が、実際のヨット最小角よりかなり小さく、実際のヨットの走行について説明できなかった。データを解析するにあたり、風の速度とヨットの関係性を論じるのではなく、風の相対速度とヨットの関係性を論じなければならないとわかり、実際のヨットの走行について説明できた時は、嬉しく感じた。

　この研究で、小さな要因も考慮しながら研究することの楽しさを学んだ。

　研究を指導していただいた先生方に感謝したい。また、この研究が努力賞という形で評価され、大変光栄に思う。

指導教員のコメント

生徒たちは高校生の知識の範囲で論じた

●愛媛県立八幡浜高等学校　教頭　羽浦 賢司

　本研究は、ヨットが風上に進むことに着目し、物理的に考察しようと始めたものである。複数の異なる材質・形状の帆を作製し、帆に加わる力を自作の測定装置を用いて測定することで、ヨットの動きを求めようとした。

　ヨットは風上に対して45°より小さい角には進めない。そのことを試行錯誤しながら実験し、高校生の知識の範囲で論じ結論を導き出した。

　また、ヨットの帆を四角固定帆、四角固定翼型帆にすることで、風上方向への進行性能を高めることができるなどの独自の提案も行っている。

　参考文献が少なく、研究が上手く進まない時期もあったが、協力しながら諦めずに粘り強く取り組んで結論を導き出したことが、このような結果につながったのだと思う。今後は、より発展的な研究に取り組んでほしい。

努力賞論文

未来の科学者へ

ヨットの帆の材質や形状と走行性能の関係についての研究

　ヨットの帆は風を受けることで飛行機の翼と同様に揚力を生じて推進力を得る。揚力のメカニズムを説明するのに必要な流体力学は、物理の基礎となる力学という括りの中ではラスボスと言っても過言ではなく、私も専門に研究しているわけではないのでちょっと自信がない。しかし本研究では揚力そのものは一旦措いて、風向きとヨットの進行方向・帆の向きをパラメータとした実験を行ったということで、ほっとしたというのが正直なところである。

　論文を順に見ていくと、理論部分では図の使い方が効果的である。パラメータの多さにも関わらず、単純でわかりやすい図になっている。続く装置・測定では、実験装置自体の工夫が素晴らしい。整流器は参考文献を真似ただけではなく、L字型にするなどの改良が施され、その効果もしっかり検証されている。ヨットにはたらく力の測定器も、簡素且つ実験に必要な精度を得られるものとなっており、シンプルさを追求する物理学の視点から見て秀逸だと思う。

　残念なのは実験結果の項で、よく読めば正しく考察されているようだとわかるが、実験・測定から結論に至る過程が説明不足と感じる。実験結果と解析結果の区別を明確にし、前者から後者を導く操作（計算式やデータ処理）を明確にすることで、もっと読み手に伝わりやすい論文になったと思う。

　個別に見れば、各章はそれぞれよくまとめられており、地道な努力の跡が伺える。今後は、各章の役割と互いの繋がりに注意を払い、論文全体を大所高所から見渡す視点を身につけて欲しい。

（神奈川大学　工学部　助教　有働 慈治）

努力賞論文

蚊は渡り鳥にとって脅威なのか
（原題：宇和島市の渡り鳥飛来地（来村川河口）における疾病媒介蚊調査 2013-2014）

愛媛県立宇和島東高等学校
チーム Mosquito

はじめに

　来村川河口（宇和島市）は渡り鳥飛来地として知られている。もし渡り鳥が病原体に感染していたとすると、その繁殖期に、蚊が吸血して鳥間に大量かつ広範囲に病原体を蔓延させ、ヒトへの流行へと発展させる恐れがある[5]。現在、宇和島市で蚊の研究を行っている機関や研究者はいないので、私たちが来村川河口の蚊のモニタリング調査を行い、輸入感染症対策の基礎データとして蓄積していきたいと考えている。

これまでにわかっていること

　過去に宇和島市本土（遊子、和霊神社、泉町、および鬼ヶ城山）ではシロカタヤブカ *Aedes nipponicus* LaCasse and Yamaguti、ヤマトヤブカ *Ae. Japonicas* (*Theobald*)、ヒトスジシマカ *Ae. Albopictus* (*Skuse*)、ヤマダシマカ *Ae. Flavopictus* Yamada、オオクロヤブカ *Armigeres subalbatus* (*Coquillett*)、アカイエカ群 *Culex pipiens complex*、およびキンパラナガハ

シカ Tripteroides bambusa (Yamada) が採集されており、これらの種はすべて人体に飛来したことが記録されている[8]。また、ヤマトヤブカ、ヒトスジシマカ、ヤマダシマカ、オオクロヤブカ、アカイエカ群は WNV 感染症（西ナイル熱または西ナイル脳炎）などを媒介する蚊として知られており、渡り鳥による WNV の侵入と媒介蚊による蔓延のリスクが懸念されている[5]。

蚊が媒介する感染症

過去の調査結果を参考に、蚊が媒介する感染症について**表1**にまとめた[3), 5)]。本研究においては、渡り鳥を介する感染サイクルに注目している（**図1**）。つまり、鳥→蚊→鳥（偶発的に人）の感染サイクルとなる『WNV 感染症』の媒介蚊であるヤマトヤブカ、ヒトスジシマカ、ヤマダシマカ、オオクロヤブカ、アカイエカ群（アカイエカ・チカイエカ）が注目種とな

表1　蚊が媒介する感染症

主な蚊媒介感染症	世界の分布	主な媒介蚊の種類	主な感染サイクル
マラリア	アフリカ	シナハマダラカ オオハマハマダラカ	人→蚊→人
黄熱	アフリカ・南米	ヘマゴカス属 ネッタイシマカ	猿→蚊→猿（偶発的に人）
デング熱	北緯30度から南緯30度のベルト内の国々	ネッタイシマカ・ヤマダシマカ・ヒトスジシマカ	人→蚊→人
チクングンヤ熱	アフリカ・インド・東南アジア	ネッタイシマカ・ヤマダシマカ・ヒトスジシマカ	人→蚊→人
日本脳炎	中国およびロシア南部・南東部 東南アジアの地域	コガタアカイエカ・アカイエカ・チカイエカ・イナトミシオカ	豚→蚊→豚（偶発的に人） 鳥→蚊→鳥（人へは不明）
WNV 感染症 （西ナイル熱または西ナイル脳炎）	米国・アフリカ・ヨーロッパ・中東中央アジア・西アジア	アカイエカ・チカイエカ・ヤマトヤブカ・ヒトスジシマカ	鳥→蚊→鳥（偶発的に人）

図1　鳥→蚊→鳥（偶発的に人）の感染サイクル

る。WNV 感染症のリスク評価は厚生労働省をはじめとして諸機関で10年ほど前から行われており、そのガイドラインが公表されている[3]。そのガイドラインにおいても「わが国で注意すべき蚊として、地域、季節によって発生個体数が多く、人や野鳥から吸血する習性をもつと思われるアカイエカ、チカイエカ、ネッタイイエカ、コガタアカイエカ、ヒトスジシマカ、ヤマダシマカ、キンイロヤブカ、ヤマトヤブカ、セスジヤブカ、オオクロヤブカ、シナハマダラカの11種があげられる」とある。

　私たちは、渡り鳥の飛来地である来村川河口に3つの調査地点を設定し、渡り鳥（特にカモ類やカモメ類）の飛来時期にこれらの蚊が共存すると、感染症蔓延のリスクが高まるのではないかと仮定して、捕集・同定・リスク評価を行っている。

研究・調査方法

1　方　法

①8分間人囮法（**写真1**）：蚊の潜伏していそうな場所（捕集場所）に捕集者が立ち、8分間捕集者に誘引されてくる蚊を、捕虫網を振り続けて捕集する。

②人囮法：8分間人囮法と同様に捕集者に誘引されてくる蚊を、捕虫網

で捕集する。

③ドライアイストラップ法（**写真2**）：モータファンをもつトラップ（鵬図商事社製）にドライアイスを併設し、誘引されてくる蚊を捕集する（写真1、写真2）。

2　実験条件

①捕集時期（2013年9月～2014年6月）：課題研究の授業がある毎週火曜日の15：30～16：30を中心に、週に一度以上、3つの調査地点（**写真3**のSt.1～3）を訪れて8分間人囮法（被験者は筆者ら）によって捕集し

写真1　8分間人囮法

写真2　ドライアイストラップ法

写真3　調査地点（St.1～St.3）

表2　調査地点データ

St. No.	住所	測位
St.1	宇和島市新田町	N33° 12′ 50.77″ E 132° 33′ 25.74″ alt 6 m
St.2	宇和島市明倫町	N33° 12′ 58.30″ E 132° 33′ 22.19″ alt 3 m
St.3	宇和島市保手	N33° 12′ 51.76″ E 132° 33′ 13.75′ alt 3 m

ている。また、St.3では住居人（30歳代男性）の協力を得て、自分自身へ飛来した蚊類を捕集していただいた。ドライアイストラップは月に一度くらいの頻度で設置していたが「鱗片が剥がれたり個体が傷んだりして同定の妨げになる」と水田英生氏の指導助言もあり、本研究では中断した。現在は後輩たちが再開している。

②調査地点（表2）

・愛媛県宇和島市新田町（St.1）

　St.1は藪の中に湿地があり、蚊が繁殖しやすいと考えた。

・愛媛県宇和島市明倫町（St.2）

　St.2はコガモの越冬地であり（橋越清一氏談）、カモに蚊が媒介するのではないかと考えた。

・愛媛県宇和島市保手（St.3）

　St.3は裏にある森がサギのねぐらになっており鳥と鳥との感染が懸念される。また、民家も近くにあるため人への感染が懸念される。

結果と考察

1　蚊類捕集調査結果

　表3に、来村川河口において捕集された蚊類をまとめた。蚊類の同定は水田（2011、2012）に従った。初心者の筆者らにとって、器官名や鱗片など、詳細を分類していくことが非常に困難であった。愛媛県内はもとより全国的に専門家が少なく（3人程度）、同定に時間を要している。

　ヒトスジシマカ、オオクロヤブカ、アカイエカ、チカイエカはいずれも

表3 来村川河口における蚊類捕集調査結果（2013年9月～2014年6月）

和名	学名	2013年				2014年					
		9月	10月	11月	12月	1月	2月	3月	4月	5月	6月
ヒトスジシマカ	Aedes albopictus	3	11							2	7
オオクロヤブカ	Armigeres subalbatus		1						1		
アカイエカ	Culex pipiens pallens				1						
チカイエカ	Culex pipiens molestus	1	2	1					2	5	8
キンパラナガハシカ	Tripteroides bambusa bambusa										1

※数値は吸血性のある雌の個体数

WNV媒介蚊として知られている。また、WNV媒介蚊は日本脳炎ウィルスも媒介可能である。過去の文献[8]において宇和島市内で記録されていたWNV媒介蚊のヤマトヤブカ、ヤマダシマカは捕集されなかった。

調査地ごとの捕集個体数としては、St.3がもっとも多く、St.2では1匹も捕集できなかった。近隣の住民の方に話を聞くと、St.2では宇和島市が殺虫剤をまいているそうで、幼虫も含めて死滅している可能性が高い。2014年7月以降は、後輩たちがSt.1～3を含めたラインセンサスによって来村川河口の周囲約100m^{2}の区画を調査している。

2 渡り鳥の飛来状況[4]

2013年は、8月下旬にキアシシギが飛来し（橋越清一氏談）、10月中旬からはコガモやヒドリガモなどのカモ類が飛来して種数が増えた。その後2014年1月をピークに北帰のため種数が減っていったが、4月上旬からはツバメなどの夏鳥が南方から飛来してきた。冬鳥は最大9種、夏鳥は最大2種の飛来が確認された。また、ヒドリガモ1羽が群れから取り残されて北帰できず、6月下旬まで観察されたが、現在は見られなくなった。

3 WNV媒介蚊によるWNV感染症蔓延のリスク評価

図2、図3にWNV媒介蚊と渡り鳥の共存リスクをまとめた。図2より、秋は10月中旬から10月下旬の時期がWNV媒介蚊と鳥類の共存リスクが高くなると判断した。図3より、春は5月中旬から再び共存リスクが高ま

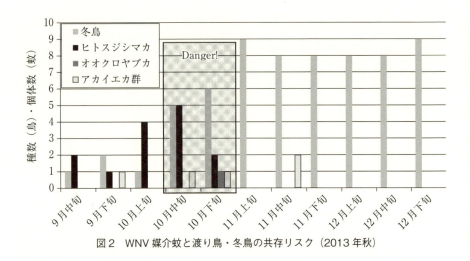

図2　WNV媒介蚊と渡り鳥・冬鳥の共存リスク（2013年秋）

ると判断した。

以上の結果から、宇和島市の渡り鳥飛来地（来村川河口）では、渡り鳥によるWNVの侵入と媒介蚊による蔓延のリスクが懸念される。

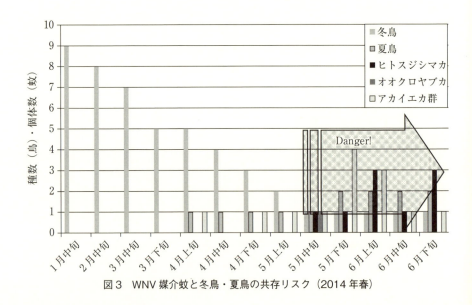

図3　WNV媒介蚊と冬鳥・夏鳥の共存リスク（2014年春）

まとめと今後の課題

①宇和島市の渡り鳥飛来地（来村川河口）では、渡り鳥によるWNVなどの侵入と媒介蚊による蔓延のリスクが懸念される。秋は大陸からカモ類が飛来する10月中旬～10月下旬に共存リスクが高くなる。春は南方から夏鳥が飛来し、5月中旬から再び共存リスクが高まる。

②今後は、後輩たちに研究を引き継ぎ、成虫だけでなく幼虫の発生源も調査し、総合的なハザードマップを作成し、地域に発信してもらいたい。

③蚊類の同定ができる専門家は全国に3人ほどしかおらず、筆者らのような若い世代が趣味でもよいので蚊類に興味をもっていくことが予防へとつながる。

【謝　辞】

本研究に際して御助言いただいた山内健生氏（兵庫県立大学自然・環境科学研究所）と水田英生氏（神戸検疫所）、また、渡り鳥の飛来状況データを提供していただいた橋越清一氏（愛媛県立南宇和高等学校）と藤田琴らの研究グループ（愛媛県立宇和島東高等学校）に心から感謝申し上げます。

[参考文献]

1) 久保晴盛、宝利陽子、赤坂知子、土居志織、橋越清一、「宇和島市来村川河口付近における鳥類調査報告2004」、『南予生物』、南予生物研究会 14: pp.19-33、2006
2) 国立感染症研究所ホームページ
   http://www.nih.go.jp/niid/ja/from-idsc.html
3) 小林睦生、倉根一郎「ウエストナイル熱媒介蚊対策に関するガイドライン」、厚生労働省健康局結核感染症課、2003
4) 藤田琴、岡田ひかる、兵頭輝、毛利有里、三好祐輝、山下智也、「来村川河口（宇和島市）の渡り鳥飛来状況調査2013」、『平成25年度SSH生徒課題研究論文集』、愛媛県立宇和島東高等学校 pp.15-16、2014
5) 水田英生、「輸入感染症と蚊」、『Jpn.J.Environ.Entomol.Zool』17（4）：

pp.167-171、2006
6) 水田英生、『写真で見る日本に生息する一般的な蚊の同定（成虫；主として本州以南の雌）』、神戸検疫所ベクターレファレンス室 Ver.7、2011. 2
7) 水田英生、『検疫所衛生技官のための日本に棲息する蚊の同定成虫（主として雌）編 改訂版』、神戸検疫所 Ver.3、2012. 11
8) 山内健生、「愛媛県宇和島市の有人島と本土で採集された蚊類」、『Med. Entomol.Zool』61（2）：pp.121-124、2010

● 努力賞論文

受賞のコメント

受賞者のコメント

後輩たちに研究を継続してもらいたい
●愛媛県立宇和島東高等学校

チーム Mosquito

　本校SSH事業の主題は「Regional Science 〜地域からの挑戦〜」であり、地域を題材にした課題研究に取り組み、それを地域に還元することを目指している。担当の先生が渡り鳥調査をしていたことをきっかけに、渡り鳥が運ぶ病原体に興味をもつようになり、疾病媒介蚊の存在を知った。

　研究を始めてみると、愛媛県や宇和島市で蚊の調査を行っている機関がなく、専門家もいなかったため、特に蚊の同定は困難をきわめた。担当の先生を通じて何人かの専門家からアドバイスや資料をいただくことができ、今では調査で調べた種は見ただけで同定できるようになった。今後も後輩たちに研究を継続してもらい、データを蓄積し、成果を地域に発信して、感染症予防に役立ててほしい。

指導教員のコメント

尊敬を集めた生徒たち
●愛媛県立宇和島東高等学校　教諭　若山 勇太

　蚊の研究をしている専門家が周囲にいない状況で、山内健生氏（兵庫県立大学准教授）や水田英生氏（神戸検疫所）の指導助言を賜りながら、ゼロから研究を立ち上げてきた。特に同定については、市販されている図鑑もなく、水田氏からいただいた資料をもとに時間をかけて行った。その結果、生徒たちは身近な蚊については見たらすぐに種を言い当てるほどに成長した。そのような彼らを奇妙な目で見る人も多数いたが、昨年来、デング熱の蔓延が話題となり、彼らは一転して尊敬のまなざしを向けられている。

　蚊類の研究をする専門家は希少であり、高校生を含めた私たち市民が関心を高めて予防していくことが求められる。その啓発の一助となるデータを地道に蓄積してきた生徒たちの功績を称えたい。

未来の科学者へ

勇気ある労作

　2014年夏に、およそ70年ぶりに蚊が媒介するデング熱が流行したことは記憶に新しい。新宿近くの代々木公園を中心に、100人を超える方々が感染してしまわれたとのことである。本研究は、気候変動にともなう、そのようなリスクを予見したかのような、非常に時宜を得た研究である。

　2013年9月から2014年6月まで、長期間にわたり、宇和島市来村川の河口付近の蚊の採取を行い、飛来する渡り鳥の飛来状況のデータ（愛媛県立南宇和島高等学校の研究グループが提供とのこと）と突き合わせることで、ウエストナイルウイルス（WNV）感染症の蔓延可能性の年周期リスクを唱え、警鐘を鳴らしている。調査地点はさほど多くないものの、人囮法（！）、ドライアイストラップ法を組み合わせて、捕集された蚊の種同定を丁寧に行っており、勇気ある労作となっている。蚊に刺される虞を顧みず、身を挺して【鳥と蚊とヒト】との共存リスクを訴えている。やみくもに調査研究を始めたのではなく、入念な文献調査も行い、正統的な文献的知識をもとに調査データを解釈しようとする姿勢は、指導教諭の若山勇太先生のお導きによるものだろう。文献リストから、本研究の鍵となる文献に抜かりなくたどり着いていることが覗える。

　本文中、本邦には、蚊の種同定が出来る専門家が極めて少ないことが述べられているのが気になった。デング熱騒動をうけて、厚生労働省が蚊が媒介する感染症についての予防指針をまとめたとのことである。地域ごとの科学的な実証研究と、国や自治体施策とがうまく噛み合って、より効果的な予防策が講じられるよう望みたい。本研究のようなスタイルの蚊の研究は、全国各地で実施されることが望ましい。そのためには、人囮法の代替法の開発も急務である。「地域住民のための地域の疫学」の魁けとなる、若い諸君による若い研究である。

（神奈川大学理学部　准教授　豊泉　龍児）

努力賞論文

「ネフロイド」という曲線の美しさを証明
(原題：ネフロイド(腎臓形)の研究)

久留米工業高等専門学校　電気電子工学科
3年　木太久 稜

はじめに

　光が反射してコップの底に現れる曲線は「ネフロイド(腎臓形)」と呼ばれる曲線である(**図1**)。ネフロイドというのは、このようにふとしたところで現れる。ネフロイドは「外サイクロイド」と呼ばれる曲線の一種であり、さまざまな作図法がある。それらを1つの図にまとめるとネフロイドの構造がわかるのではないかと考え、研究を始めた。

図1　コップの底に現れるネフロイド

1 ネフロイドの作図法

半径 $a(a>0)$ の円に半径 $(1/2)a$ の円が外接して滑ることなく1周する時、動円の周上の定点の軌跡である外サイクロイドは「ネフロイド（腎臓形）」と呼ばれる曲線になる（**図2**）。

曲線や直線の集まりがすべてある曲線 C と接する時、C をこの曲線や直線の集まりの包絡線という。特に、曲線 C の接線の集まりの包絡線は曲線 C 自身である。以下、包絡線としてのネフロイドを示す。

(1) 円周上を同じ向きに 1:3 の速さで動く2点を結ぶ線分の包絡線はネフロイドである（**図3**）。

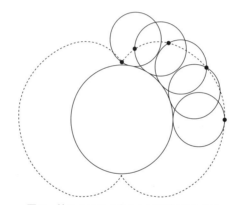

図2 外サイクロイドとしてのネフロイド

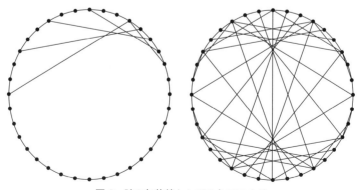

図3 弦の包絡線としてのネフロイド

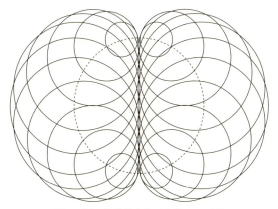

図4 円の包絡線としてのネフロイド

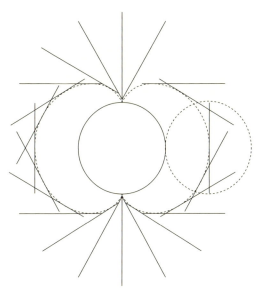

図5 円の直径の包絡線としてのネフロイド

（2）定円の円周上に中心をもち、定円の定直径に接する円の包絡線はネフロイドである（**図4**）。

（3）定円と同じ半径の円で、定円に接しながら回転する時の定直径の包絡線はネフロイドである（**図5**）。

2 ネフロイドの方程式と接線の方程式

原点を中心とする半径 2 の小円 O、半径 4 の大円 O を考える。

(1) 小円 O に外接する半径 1 の円 C の円周上の定点 P の軌跡であるネフロイドの方程式を計算する。

A $(2, 0)$ とし、円 C と小円 O、大円 O との接点をそれぞれ D、E とする。P(x, y) とし、$\angle \text{COA} = \theta (0° < \theta < 90°)$ とする。円 C の半径は小円 O の半径の半分なので、$\overset{\frown}{\text{PE}} = 2\overset{\frown}{\text{DA}}$。よって、$\angle \text{PCE} = 2\theta$ であり、線分 PC と x 軸の正の向きとのなす角は 3θ である。

$$\overrightarrow{\text{OP}} = \overrightarrow{\text{OC}} + \overrightarrow{\text{CP}} = (3\cos\theta, \ 3\sin\theta) + (\cos 3\theta, \ \sin 3\theta)$$

より、ネフロイドの方程式は θ をパラメーターとして、

$$\begin{cases} x = 3\cos\theta + \cos 3\theta \\ y = 3\sin\theta + \sin 3\theta \end{cases} \quad \cdots\cdots ①$$

と表される。

(2) 点 P におけるネフロイドの接線の方向ベクトルを計算する。式①をそれぞれ θ で微分すると、

$$\begin{cases} \dfrac{dx}{d\theta} = -3\sin\theta - 3\sin 3\theta = -6\sin 2\theta \cos\theta \\ \dfrac{dy}{d\theta} = 3\cos\theta + 3\cos 3\theta = 6\cos 2\theta \cos\theta \end{cases}$$

となる。点 P におけるネフロイドの接線の方向ベクトルは、

$$(\sin 2\theta, \ -\cos 2\theta) \quad \cdots\cdots ②$$

と表される。

3 包絡線としてのネフロイド

1 (1) について。大円 O の円周上の 2 点を E$(4\cos\theta, 4\sin\theta)$、F$(4\cos 3\theta, 4\sin 3\theta)$ とおくと、直線 EF が点 P におけるネフロイド①の接線になることを示す。

$$\overrightarrow{\text{EF}} = (4\cos 3\theta - 4\cos\theta, \ 4\sin 3\theta - 4\sin\theta) = -8\sin\theta(\sin 2\theta, -\cos 2\theta)$$

は接線の方向ベクトル②と平行である。

EF を 1:3 に内分する点の座標は、

$$\left(\frac{12\cos\theta+4\cos 3\theta}{1+3},\ \frac{12\sin\theta+4\sin 3\theta}{1+3}\right)$$

より，$(3\cos\theta+\cos 3\theta,\ 3\sin\theta+\sin 3\theta)$ なのでPと一致する。したがって，直線 EF は点 P におけるネフロイド①の接線である。よって，線分 EF の包絡線は，ネフロイド①となり 1 (1) が示された。

ここで，△ECP と△EOF を比べると，どちらも頂角が 2θ の二等辺三角形なので△ECP ∽△EOF である。これから，EP：PF＝EC：CO＝1：3 が確かめられる（図6）。

1 (2) について。中心が D で y 軸と接する円 D を考える。この円の半径は OD $\cos\theta=2\cos\theta$。また，∠PDE＝1/2∠PCE＝θ，∠DPE＝90°なの

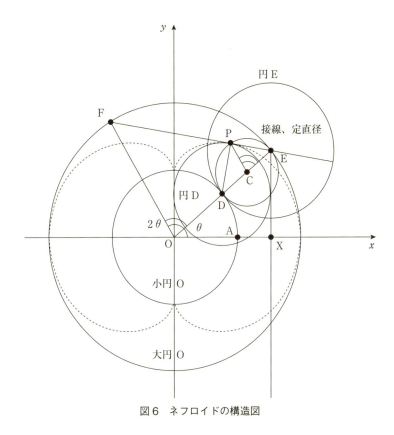

図6 ネフロイドの構造図

で、PD = ED cos θ = 2cos θ。よって、P は円 D の周上にあり、直線 EF は点 P における円 D とネフロイド①の共通接線である。よって円 D はネフロイド①と点 P で接する。これから、円 D の包絡線は、ネフロイド①となり 1 (2) が示された。

1 (3) について。中心 E、半径 2 の円 E を考え、直線 EF によって切り取られる円 E の直径に注目する。θ = 0 の時、y 軸と平行な円 E の直径を考える。θ 回転した時の円 E の直径が y 軸となす角は 2θ である。したがって、この直径は円 E が大円 O のまわりを回転する時の定直径であり、その包絡線は、ネフロイド①となり 1 (3) が示された。

4 光の反射

図 6 において E を通り x 軸と垂直な直線を考え、x 軸との交点を X とする。∠EOX = θ なので、

$$\angle OEX = 90° - \theta = \angle OEF.$$

したがって、半円 O に向かった光は E で反射して EF 方向に進む。この EF はネフロイド①の接線であるから、半円 O で反射した光の包絡線はネフロイド①（の半分）になる（**図7**）。

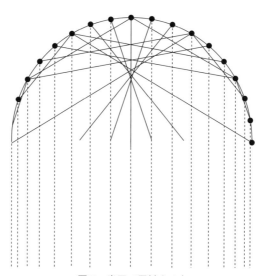

図7　半円で反射する光

5 ネフロイドの数理

方程式①で表されるネフロイドの周の長さ、面積、体積は以下のようになる（結論のみ示す）。

- 周の長さ $L = 24$
- 面積 $S = 12\pi$
- x 軸の周りに回転させた時の体積 $V_x = (704/15)\pi$
- y 軸の周りに回転させた時の体積 $V_y = (1024/15)\pi$
- （内側の球 O の体積）： $V_x : V_y :$ （外側の球 O の体積） $= 5 : 22 : 32 : 40$

今後の課題

ネフロイドの構造を1つの図に重ねることによって、ネフロイドのさまざまな性質や作図法が見えてきた。うまくできているものだという感じがした。特に図6でDP⊥EFが重要だと思う。今後、カージオイド、デルトイド等、その他の外、内サイクロイド曲線、そしてサイクロイドに対して研究を広げていきたい。

[参考資料]

1) 田代嘉宏、難波莞爾、『新編　高専の数学1〜3』、森北出版、2010
2) 『曲線・グラフ総覧』、聖文社、1971
3) ウィキペディア、「ネフロイド」

受賞のコメント

受賞者のコメント

数学を応用する楽しさを感じた
●久留米工業高等専門学校　電気電子工学科
3年　木太久 稜

　光が反射してコップの底に現れる曲線はどんな曲線だろうかと思って研究を始めた。そして、「ネフロイド（腎臓形）」と出会った。ネフロイドはいろいろな性質や作図法が知られている。これらの図形を1つの図に重ねたらネフロイドの構造がわかるのではないかと考えた。そして、微分での計算結果を図形的に確かめることができた。

　ネフロイドの面積や回転体の体積は、$\int_0^{\frac{\pi}{2}} \sin^n t \, dt = \int_0^{\frac{\pi}{2}} \cos^n t \, dt$ を使って計算できる。数学で習ったばかりの公式が応用できた。

　研究を通して、数学を応用する楽しさを感じることができた。今後も、さまざまな図形を研究していきたいと思う。

指導教員のコメント

数学の知識を最大限に生かした研究
●久留米工業高等専門学校　教授　松田 康雄

　木太久稜君は、光が反射してコップの底に現れる曲線「ネフロイド（腎臓形）」に興味をもって研究を始めた。半径2の定円の周りを半径1の円が回転する時、動円の周上の定点の軌跡がネフロイドである。その点が動くある瞬間を止めてネフロイドの構造図を描くという試みは興味深い。彼の研究テーマと方法は他の円サイクロイド曲線に拡張することができると思う。また自分がもっている数学の知識を最大限に生かしてネフロイドの数理を計算したことは素晴らしいと思う。今後の研究の継続と発展に期待したい。

　最後に、彼の研究を評価して頂いたスタッフの先生方に感謝申し上げます。

努力賞論文

未来の科学者へ

本研究で扱ったテーマは今後の発展が期待される

　本研究はネフロイド曲線の定義および3種類の作図法を調査してそれらが同一であることを示した。コップの底に現れる光線という物理現象と、数学的に定義された曲線の関係に興味を持つという数理的な発想は意義のあるものと認められる。論文中で示した数学的な関係は既知のものであるが、幾何学や積分の諸概念を理解し、丁寧な議論によって証明を記述することはより発展的な数学を学ぶ上で大変有益である。いっぽう、証明において動点の定義がやや曖昧であること、光の反射に関して幾何学的な性質と物理的な現象との結びつきの記述が十分でない感想を持った。本研究で扱ったテーマはネフロイド曲線にとどまらず、今後の発展が期待される。数学では物理的な現象を背景に持つものや純粋に数学的な構造を表現した美しい曲線が多数知られている。これらの曲線にたいして、ネフロイド曲線がどのような性質を持つのか考察を進めるとより有意義なものとなるだろう。また論文中でネフロイド曲線の長さを求めているが、ここに表れる根号を含む積分の計算は解析学として興味深い課題である。高校の数学で扱う初歩的な関数のグラフでも、曲線の長さを求めようとするととたんに非常に難しい問題に直面するものがある。グラフと積分の関係を数学の歴史のなかで調べていくことも興味深いテーマである。教科書や本に書かれている数学の問題は解き方が「わかっているもの」であるが、数学の歴史は解けない問題、わからない問題にどう対処していくか考える中で発展してきた。そういった挑戦的な問題が日常的に使う数学のそばにあることも数学を考える楽しみとなるだろう。

（神奈川大学理学部　准教授　加藤　憲一）

「降灰君」で桜島の降灰量を正確に測る
(原題：桜島の降灰測定器の作製について)

鹿児島県立錦江湾高等学校　化学研究部
２年　荒川 和樹　中村 美希　迫田 ひまわり　森 亮人
１年　神田 直人

研究のきっかけ

　鹿児島の活火山である桜島では、約100年前に起こった「大正噴火（大正３年（1914年））」で噴煙が上空8000 mまで到達し、大きな被害をもたらした[1]。図１のように現在も桜島は噴火を続けている。降灰量を測定している鹿児島気象台では、ステンレス製のトレーに24時間で積もった灰の質量を測り、それを$1 m^2$当たりに換算したものを「降灰量」としている。この方法では空気中に浮遊している桜島の灰を測ることはできず、また、

図１　錦江湾高校から見た桜島の噴火

雨天時は火山灰を乾燥させてから質量を測るという作業が必要である。そして、浮遊している火山灰量についての先行論文は少なく、実用化に至っていない[2]。

本研究は空気中に浮遊している桜島の灰をフィルタ付きの吸引ポンプで集め、そのフィルタに付着した灰の量を自作の簡易反射型吸光度計で測定する、降灰量測定機器（以降：「降灰君(こうはいくん)」）の開発を目的とした。

測定原理および「降灰君」の作製

1　測定原理

測定原理には「ランベルト・ベールの法則」を用い、反射光強度を示す光センサの抵抗値の対数が灰の付着量に比例するとした。実験装置の模式図を図2に示した。外部の光を遮断するために暗所ですべての実験を行った。

2　「降灰君」の作製

参考文献[3]、[4]をもとに、加工がしやすく、製品寸法が正確な $\phi 30$ mm のPVC製水道管およびジョイント管で本体を作った。フィルムケースに光源として5 mm LED（赤外、赤、黄、緑、青、紫外、白）をセットし、入手可能な各種の光センサ（CdSセンサ、フォトICセンサ、PINセンサ）を試してみた。センサからの信号は、デジタルテスタで測定した。「降灰君」の1号機は、安定性や検量線の直線性が悪かった。2号機では、センサの

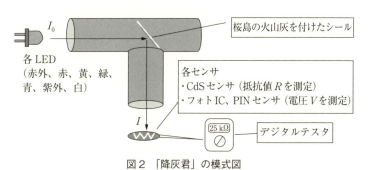

図2　「降灰君」の模式図

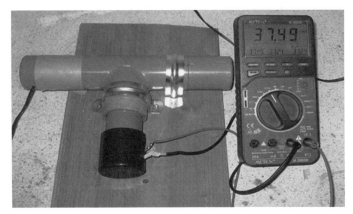

図3 「降灰君」3号機

はんだ付けを行い、センサとLED部分にスリットを付けて調節したが、良い結果が得られなかった。そこで3号機（**図3**）では光源部分とセンサ部分から外光が入るのを防ぐためのキャップを付けたところ、安定性や検量線の直線性で良い結果が得られた。

結果と考察

1 「降灰君」を用いた火山灰量の測定

①方　法

　火山灰の粒子径とCdSセンサの感度の関係を調べるために、ふるいにかけた火山灰をシールに付け、電子天秤で質量を測定し、「降灰君」のCdSセンサで抵抗値を測定した。その後、シールから火山灰を少しずつ取り除き、それを7回程度繰り返した。その結果を横軸に火山灰の質量（g）、縦軸に抵抗値の対数 $\log R$ でプロットし、相関係数（R^2）の値で評価した。

②結　果

　CdSセンサを用いた場合の各LEDにおける火山灰の質量とCdSセンサの抵抗値の対数の一次関数から求めた直線性を示す R^2 の値を**表1**にまとめた。粒子径が最も大きい125〜250μmの火山灰では、赤色LEDを用い

表1 R^2 のまとめ

光源（LED）		赤外	赤	黄	緑	青	紫外	白
LED の最大波長 λ_{max}		850 nm	625 nm	590 nm	520 nm	470 nm	405 nm	混合色
火山灰の粒子径	125〜250 μm	0.21	0.99	0.89	0.77	0.21	0.95	0.10
	63〜125 μm	0.89	0.68	0.11	0.16	0.96	0.36	0.65
	〜63 μm	0.20	0.31	0.15	0.45	0.71	0.08	0.60
	ふるいせず	0.92	0.81	0.59	0.36	0.78	0.42	0.99

た時に直線性が良く（$R^2=0.99$）、LED の λ_{max} が短くなるにつれ、直線性が悪くなった。粒子径が最も小さい 63 μm 以下の火山灰では、青色 LED の直線性が最も良かった（$R^2=0.71$）。また、ふるいをかけなかった火山灰では白色 LED が最も直線性が良かった（$R^2=0.99$）。

③考　察

表1から火山灰の粒子が大きいほど長波長の光を散乱し、粒子が小さいほど短波長の光を散乱すると考えられる。様々な粒子径を含む火山灰では、様々な波長でピークをもつ白色 LED が有効ということがわかった。よって、火山灰の質量測定には、白色 LED と CdS センサの組み合わせを用いることにした。

2　火山灰中の鉱物の観察と同定

①方　法

火山灰の鉱物成分の観察と同定をするために、蒸発皿に入れ濁りがなくなるまで押し洗いした火山灰を超音波洗浄器にかけ、その後、乾かし、実体顕微鏡で観察し、その組成について同定した。

②結　果

粒子径が大きくなるにつれて有色鉱物の割合が大きくなっている。逆に粒子径が小さくなるにつれて無色鉱物の割合が大きくなっている。

③考　察

一般に、石英が含まれると短波長で反射率が高いと言われている[5]。「1 「降灰君」を用いた火山灰量の測定」の考察で述べたとおり、粒子径が小さくなることにより短波長の光を反射した。さらに石英の含有量が大きくな

るにつれ、反射率が増大し、63 μm では光源が青色 LED の方が直線性が良いという結果になったと考えられる。

3 「降灰君」の再現性および検証
(1)「降灰君」の検証
①方　法
　火山灰を付けたシールをコピー機のスキャナ機能で読み込み、画像処理ソフトの ImageJ を使い、色を反転したのち、明度 V を求めた。
②結　果
　横軸に白色 LED における CdS センサの抵抗値 R(kΩ)、縦軸に明度 V をとってグラフにまとめた。
③考　察
　グラフの抵抗値 R と明度 V を比較した結果、直線性も良く、正の相関性が見られ、簡易反射型吸光度計である「降灰君」がフィルタで集めた空気中に浮遊している火山灰の質量測定に有効と考えられる。

(2) 自作簡易分光器の検証
①方　法
　デジタルカメラと回折格子フィルムを取り付けた「降灰君」を木の板に固定し、スリットを加えて実験を行った。しかし、5 mm 白色 LED では、2 ルーメンと光の強さが弱く、反射光を回折格子フィルムで分光することができなかったため、定電流方式の LED ドライバを接続した白色パワー LED を用いた。当初パワー LED が発熱し、ポリ塩化ビニル製の「降灰君」の一部が溶けた。そのため、アルミ板を 4 枚重ねた放熱板を作製し、パワー LED の下に設置した結果、無事に測定できた。
　デジカメは、マニュアルモードで撮影した。JPEG 方式で得られた画像を ImageJ で数値化し、スペクトルを得た。また、赤色レーザ、緑色レーザで 2 点校正した。火山灰をつけていないシールをベースラインとして用いた。
②結　果
　各粒子径で 450 nm 付近にピークを持つ、似たような波形のグラフになった。

③考　察

粒子径 63 μm の火山灰の明度は青色 LED の最大波長である 470 nm 付近では高くなり、それに比べ波長 250 nm では低い値になった。粒子径 63 μm は波長が低い青色の光を反射すると考えられ、「1 「降灰君」を用いた火山灰量の測定」の結果を支持することになった。

4　降灰量の測定

①方　法

吸引ポンプは水槽用のエアポンプを用いた。水槽用ポンプは安価で長時間の排気使用に耐えられるのでプラスチックケースの中に密閉して、排気用のポンプを改良して吸引用ポンプとして用いた。

気象台が用いているステンレス製のトレーとほぼ同等品であるステンレス浅型角バット（以降：降灰皿）を購入し、錦江湾高校の中庭で降灰量を測定した。その様子を図 4 に示す。また、白色 LED と CdS センサの組み合わせによる「降灰君」3 号機によって得られた結果と比較し、検量線を作成した。

②結　果

降灰皿および「降灰君」で測定した降灰量の関係を図 5 に示す。

③考　察

図 5 にあるように、降灰皿と「降灰君」の測定結果には正の相関性がある。これにより「降灰君」が降灰量を正確に測れることが実験的に証明された。

図 4　降灰皿および「降灰君」による測定の様子

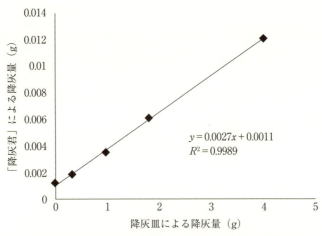

図5　降灰皿および「降灰君」で測定した降灰量の関係

「降灰君」の優位性と今後の課題

1　「降灰君」の有利な点

　「降灰君」でLEDの色を変えて実験したところ、火山灰粒子が小さいほど短波長の光を散乱することがわかった。また、火山灰粒子が小さいほど、反射率が高い石英が多く含まれていることも短波長の光を散乱する一因になったと考えられる。「降灰君」はデータの再現性も良く、スキャナとImageJによって求めたフィルタ画像の明度 V と正の相関性が見られた。反射光を回折格子フィルムで分光させたスペクトルにおいても、火山灰粒子が小さいほど短波長の光を反射することがわかった。そして、様々な粒子径を含む火山灰では、様々な波長でピークをもつ白色LEDが有効だと判明した。

　吸引装置を用いた「降灰君」で、桜島の降灰量をほぼ正確に測ることができ、降灰皿と比べて、観測スペースを必要としないことも利点である。

　また、降灰皿では雨天時には、火山灰を乾燥させてから質量を測らないといけないが、「降灰君」の場合には乾燥の手間が少ない。鹿児島県内に簡

単に観測点を増やすことができると考えている。

2　今後の課題

「降灰君」の優位性を様々な測定で示すことができたが、クリアしなければならない課題は、

① 「降灰君」の作製ができて検証もできたので、観測データを増やす、

② 連続的なリアルタイム化を実現するための改良を行う、

③ 場所を選ばずに測定できるように LED・テスタは乾電池駆動の「降灰君」を開発する、

というようなことであり、今後の挑戦テーマである。

【謝　辞】

鹿児島大学理工学研究科の神長暁子先生には、器具の借用とご指導をいただきました。ありがとうございました。鹿児島気象台には、見学をさせていただき感謝しております。

[参考文献]

1) 桜島大正噴火100周年事業実行委員会、『鹿児島の火山 防災ガイドBOOK』、2013
2) 安田成夫、「XバンドMPレーダーによる浮遊火山灰計測の試み」、京都大学防災研究所年報、第55号B
3) 杉本良一、紺野昇、『環境教育と情報活用』、大学教育出版、1998
4) 左巻健男、市川智史、『環境調査マニュアル』、東京書籍、1999
5) 日本板硝子テクノリサーチ株式会社のホームページ
   http://www.nsg-ntr.com/tech/e01.html
6) ImageJの解説ホームページ 「Drop of wisdom」
   http://www.hm6.aitai.ne.jp/~maxcat/imageJ/menus/analyze.html

努力賞論文

受賞のコメント

受賞者のコメント

試行錯誤の連続で完成した「降灰君」

●鹿児島県立錦江湾高等学校

化学研究部　2年　荒川 和樹

「降灰君」を作る研究は苦難続きだった。はじめは測定値が安定せずテスタの値が1秒も経たずに大きく変わってしまうほどだった。段ボール箱の中に入れたり、暗い部屋の中で実験したりとみんなで力を合わせた試行錯誤の毎日だった。その際、顧問の河野裕一郎先生が様々な方法を提案してくれて、最終的に本体に塩ビキャップを取り付けることで完成させた。実際の測定では鹿児島気象台の方法と比較すると測定値がほぼ一致したので「降灰君」が正確だとわかった。様々な苦悩続きの開発だったが、みんなと協力して成功させることができて大変嬉しかった。苦労して完成した論文に努力賞という賞を貰えて嬉しかった。「降灰君」が人に役立つようになればよいと思う。

指導教員のコメント

航空機の安全運航に役立つテーマ

●鹿児島県立錦江湾高等学校　化学研究部　教諭　河野 裕一郎

　錦江湾高等学校の化学研究部は、先輩たちの代から桜島をテーマとした研究を行ってきた。桜島の降灰濃度を正確に測ることができれば、火山灰の影響を受ける航空機の安全運航や人間への影響調査にいかせると考えている。近年、御嶽山や阿蘇山のように活火山が活発になってきているので、火山灰濃度を測定できる装置はニーズがある。火山灰の降灰量をリアルタイムで素早く観測できる技術はまだ実用化されていないので、火山灰の濃度を測定できる装置を開発してほしい。さらなる研究を積み重ねて頑張って欲しい。

努力賞論文

未来の科学者へ

高校生が可能な範囲で測定器を作成しているのが良い

　本研究は、鹿児島の活火山である桜島からの降灰量を測定する装置を開発し、その有用性について検討を行ったものである。奇しくもこの論文を拝見した頃に、長野県御嶽山の噴火により多くの被害があったことから、日本が火山列島であることを再認識し、同時にその活動を予測することが重要であるということを考えさせられた。

　まず、この研究では、現在の鹿児島気象台における降灰量観測装置が、ステンレス製のトレーに24時間に積もった灰の質量を測るという極めて原始的なものであること、浮遊火山灰量の測定が不可能であることに問題点を挙げ、測定器の作成を行っている。また、作成した装置により実際に降灰量の測定を行い、従来の測定方法と比較することでその性能の評価を行っている。このように、装置の作成から評価までが一貫して行われており、自分たちの研究成果がいかに従来の方法と比べて有用であるかということまで示されていることが、研究として評価できる。

　また、装置に用いるLEDおよびセンサーを予備実験により検討したうえで、実際の火山灰に対して実験を行い、装置に使用する各要素を決定している点なども非常に評価できる。装置自体も複雑なものでなく、高校生が可能な範囲で作成されているのも良い。

　論文の体裁だが、研究背景から目的、実験装置の作成、実験方法および結果、その考察と順序立てて、よくまとめられていると思うが、文章の書き方、フォントの違いや誤字・脱字等については、研究の成果には直接関係ないところで論文の評価を下げることになりかねない。レポート作成など、現役の大学生でもなかなかできないものだが、このような研究を達成できる彼らには、そのまとめ方についても早くから学んでいただけると、将来が非常に有望である。

（神奈川大学工学部　特別助教　林　晃生）

扇風機と掃除機を使った「手作り積乱雲モデル実験」
（原題：台風の積乱雲が風速に及ぼす影響—扇風機と掃除機を用いた積乱雲モデル実験を通して暴風のメカニズムを探る—）

沖縄県立球陽高等学校　地球科学部
３年　松田留佳　金城侑那　小橋川南

研究目的

　2013年、本論文コンクールで優秀賞を受賞した前回の研究『猛烈台風はどのようにできるのか』で、台風の風速について、「①観測点の風上側に壁雲（積乱雲の壁）がある時は、壁雲の上昇流によって風が上空に運ばれるため壁雲の内側の風は弱まる（図１①の観測点）。②観測点の風下間近に孤立した積乱雲がある時は、その積乱雲の上昇流によって風が加速するた

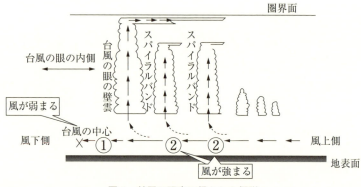

図１　前回の研究で得られた仮説

め観測点での風は強まる（図1②の観測点）」という仮説を得ることができた（以後、「前回の研究仮説」と記述する）。

そこで2014年度は、上昇流が風速に与える影響を調べる風洞実験を行い、台風中の風速が変化するメカニズムを探ることを研究目的とした。

研究方法

1 実験方法の概要

図2.1のように、地表面の風速が上昇流を発生させることによってどのように変化するのかをモデル実験で調べる。

2 実験装置の概要

図2.2、図2.3に示す装置を作成した。積乱雲モデルは「孤立した積乱雲モデル」（図2.2）と「台風の眼の壁雲モデル」（図2.3）を作成した。

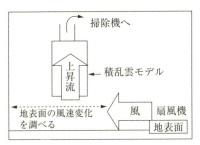

図2.1 実験の概要

図2.2 実験装置と「孤立した積乱雲モデル」

図2.3 「台風の眼の壁雲モデル」

3 実験方法

「孤立した積乱雲モデル【実験1】」(図2.2)や「台風の眼の壁雲モデル【実験2】」(図2.3)を風の通路にセットして、上昇流を発生させ風速変化を調べる。

結　果

上昇流を発生させたことによる地表面の風速変化率を求め等高線図を作成した。

【実験1】：「孤立した積乱雲モデル」（**図3.1〜図3.2**）では、風速の変化率が＋20％以上の範囲を風が強まった範囲、−20％以下の範囲を風が弱まった範囲とすると、扇風機から送られた風が、①上昇流真下を通過する時に強まっている（各図①）、②上昇流真下を通過した後（上昇流後方）で元の

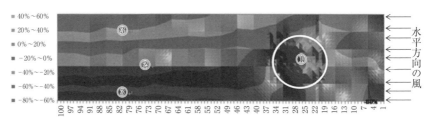

図3.1　風速の変化率（真上からみた図。図中の○は「孤立した積乱雲モデル（上昇流）」の位置を表す）

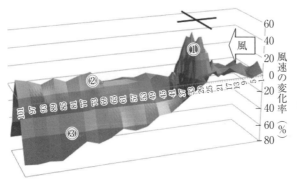

図3.2　風速の変化率（斜め上からみた図。図中の十字線は「孤立した積乱雲モデル（上昇流）」の位置を表す）

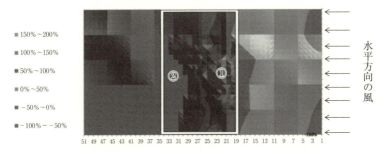

図 3.3　風速の変化率（真上からみた図。図中の□は「台風の眼の壁雲モデル（上昇流）」の位置を表す）

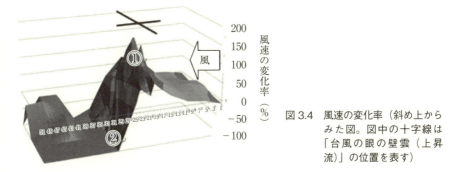

図 3.4　風速の変化率（斜め上からみた図。図中の十字線は「台風の眼の壁雲（上昇流）」の位置を表す）

風速に戻っている（各図②）、③上昇流後方の左右では弱まっている（各図③）ことがわかる。

【実験2】：「台風の眼の壁雲モデル」（図3.3～図3.4）では、風速の変化率が+50%以上の範囲を風が強まった範囲、-50%以下の範囲を風が弱まった範囲とすると、扇風機から送られた風が、①上昇流真下を通過する時に強まっている（各図①）、②上昇流真下半分を通過した後で、風速の変化率がほとんど-100%（無風）になるほど弱まっている（各図②）ことがわかる。

考　察

1　孤立した積乱雲モデル真下周辺の風速変化についての考察

　図4.1で示したように、積乱雲モデルの真下に低圧部が形成されている

とする。形成された低圧部の風上側では、風の向きと気圧傾度力の向きが一致するため風は加速する。これに対して、風下側では風の向きと気圧傾度力の向きが逆向きであるため、そこで風は減速し、元の風速に戻る。

　したがって、孤立した積乱雲のモデル実験において風が積乱雲モデルを通過する時に強まり、通過後に元の風速に戻ったのは、モデルの真下に形成された低圧部の気圧傾度力が風速に影響を及ぼしたためであると考えられる。

2　台風の眼の壁雲モデル通過後の風速変化についての考察

　図 3.4 より、壁雲モデル真下半分を通過した後でほぼ無風になった。このような風速変化は、図 4.1 で示した低圧部の気圧傾度力では説明することができない。孤立した積乱雲の場合は、**図 4.2（a）** のように、送られてきた風の一部が上昇流によって上に移動させられ、それ以外の風は積乱雲モデルの下を通り抜ける。その際、低圧部の気圧傾度力の影響を受けて、

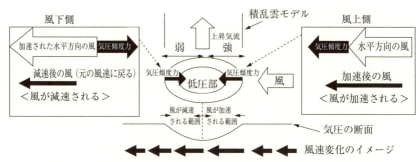

図 4.1　積乱雲モデル真下周辺の低圧部が風速に与える影響を示す模式図

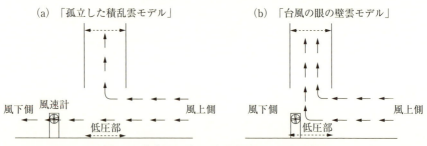

図 4.2　積乱雲モデルの上昇流が風に及ぼす影響

風速の変化が起こる。

　台風の眼の壁雲の場合は、壁雲モデル真下半分より後ろに置いた風速計が無風に近くなったことから、送られてきた風のほとんどが図 4.2（b）のように風速計に風が到達する直前で上昇流によって上に移動させられ、風下側に風が通り抜けなかったと考えられる。したがって、壁雲の内側で風が弱まるのは、風のほとんどが壁雲の上昇流によって、上空へ移動させられるからであると考えられる。

結　論

（1）　台風中において、観測点の風上側に壁雲（積乱雲の壁）がある時は、観測点での風は弱まる。壁雲の内側で無風に近いほど風が弱くなる原因は、風のほとんどが壁雲の上昇流によって、上空へ移動させられたからである。

（2）　台風中において、観測点の真上を孤立した積乱雲が通過する時は、観測点での風は強まる。積乱雲の下で風が強くなる原因は、積乱雲の真下に形成される低圧部の気圧傾度力である。

今後の展望

　本研究は、台風中の積乱雲分布を基に「○時○分頃○ m の風が吹く」というような"風短時間予報"に応用できる可能性がある。これが実現すれば、数時間先までの暴風の動向を把握して、避難行動や災害対策に役立てることができるであろう。

[参考文献]

1)　「沖ノ鳥島で観測した台風 9713 号の眼」（海洋技術センター　中埜岩男ほか）、海洋技術センター試験研究報告　第 41 号

2) 「沖縄地方における台風接近時の最大瞬間風速に関する研究　事例解析1」（沖縄気象台　大城栄勝ほか）
3) 「台風第14号グラフデータ」（宮古島気象台ホームページ）
http://www.jma-net.go.jp/miyako/kakosiryou/ty0314/ty0314graph/ty0314graph.htm、アクセス日：2013.1.8
4) 「過去天気」（日本気象協会）
http://tenki.jp/past/、アクセス日：2013.1.8

努力賞論文

受賞のコメント

受賞者のコメント

3年間研究を続けられた大きな自信

●沖縄県立球陽高等学校　地球科学部

3年　松田 留佳　金城 侑那　小橋川 南

　私たちの研究がこのような賞を受賞でき、大変嬉しく思う。今回は積乱雲モデルを作成し風洞実験を行った。先行研究がなく、まったく手探りの状態から始めた実験であったため、実験装置が完成するまでに多くの時間を費やした。さらに、風速を測定する単調な作業は忍耐力を要した。そして得られた実験結果を等高線グラフで表した時の感動は忘れられない。

　3年間研究を続けられたことは私たちの自信になった。顧問の永井先生のご指導を受けながら、仲間と協力し研究ができたことはかけがえのない経験である。研究に関わったすべての人に心から感謝している。

指導教員のコメント

生徒たちは粘り強く取り組んだ

●沖縄県立球陽高等学校　教諭　永井 秀行

　2013年度の優秀賞受賞作品の継続研究である。2013年度は、主に独自観測結果のデータ解析により、観測点の風上（風下）側に積乱雲があると風は弱まる（強まる）という仮説を得た。2014年度は、その結果を風洞モデル実験で検証することを試みた。当初、容易にデータが取れる実験ができると考えていたが、扇風機と掃除機の風速調整などが予想以上に難しく、4カ月程試行錯誤を繰り返していた。

　1つのテーマに粘り強く取り組んだ2年半、彼女たちは大きく成長していた。卒業後、それぞれの進む道で困難な課題に直面した時、高校での部活動を思い出し、それを乗り越えて欲しい。

未来の科学者へ

次回以降流体力学的な検証も行ってほしい

　前回第12回大賞で本校は沖縄本島を通過する3個の台風を比較して気圧傾度と風速が相関していない現象について眼の壁雲効果によるものとの仮説を検証し見事優秀賞を得ている。

　本研究ではデータをより詳細に考察することに加え、実験室において上昇流が風速にどのような影響を与えるかを、「孤立した積乱雲」と「台風の眼の壁雲」の2つのモデルを立てて、実験室で測定することでより詳細な考察を行っている。

　実験装置として入手容易な扇風機（水平流）と掃除機（上昇流）を用い、実験卓上で風速計で測定を行うというものであるが、前回得られた知見に基いて台風内での風速の増加および眼の内部での風速の現象という2つの気流現象を検証するという試みである。このように自らが立てたモデルを実験によって確認することは、科学の手法として極めて正当なものである。

　また得られたデータを適切に丁寧に処理してあり、実際の台風との対比が分かりやすい形で提示されている点も評価できる。さらに前回の仮説を補強するために、前回の1時間ごとの気象データに加え、5分ごとの詳細な解析を新たにすることで、今回の実験とより比較しやすくなったとも言える。過去の結果をそのままにせず、より詳細な分析をすることも大切な姿勢であると言える。

　結果として、台風の風速変化の詳細について一つの有力な仮説を根拠づけることに成功し、強風による被害予測を詳細に行う手がかりとなりうることが期待される点は、本研究の大きな成果であろう。

　今回実験装置と実際の台風とのスケーリングの根拠が妥当かどうかの検証が述べられていなかったので、次回以降流体力学的な検証も行ってほしい。

(神奈川大学理学部　准教授　川東 健)

努力賞論文

オオジョロウグモの巣の傾きの謎
（原題：オオジョロウグモの巣はなぜ傾いているのか？）

沖縄県立宮古高等学校　生物部
３年　平良 榛希

はじめに

　日本最大のクモであるオオジョロウグモ（*Nephila pilipes*）は南西諸島に分布しており、宮古島では木が生い茂っている庭先や林で普通に見ることができる。オオジョロウグモはメスの体長は5 cm、脚まで含めると20 cmに達する一方、オスの体長は7〜10 mmほどで、性的二形（せいてきにけい）が大きいことが特徴である。また、メスは円網（えんもう）と呼ばれる巣を地面に対して垂直に張り、このような垂直円網は、横方向に空中を移動する飛翔昆虫を捕らえるのに適しているといわれている。実際、夏には大きなクマゼミ（*Cryptotympana facialis*）が網に引っかかり捕食されている姿がみられる。

　しかし、オオジョロウグモの巣を野外で注意深く観察すると、巣全体が必ずある一定の角度に微妙に傾いていることに気づく（**図1**）。「なぜオオジョロウグモの巣は同じような一定角度で微妙に傾いているのだろう」という素朴な疑問が生まれた。どの個体を見ても巣が同じように傾いているということは、何か理由があるためだと考えた。部員同士でいろいろ考えたことろ、「エサが引っかかりやすい」とか「巣が壊れにくい」、「ゴミが捨てやすそうだ」など、それらしい理由はたくさん挙げられたが、それら

図1　オオジョロウグモ（メス）の写真（真ん中の写真の大きな個体がメス、その周りにいる小さな個体がオス）

に関しての科学的根拠は全くなかった。そこで、巣が傾いている理由は何かを科学的に検証してみようと思い、検証可能な3つの仮説をたて検証することにした。

3つの仮説を検証する

仮説1：巣が壊れにくくなる

　オオジョロウグモの巣は風通しのよい場所に作られているため、風による巣の崩壊リスクと何か関係しているのではないかと考えた。流体力学では、傾斜した平面板を地面に対して水平に流れる気流に置いた時、平面板に斜めに浮き上がろうとする力（空気力：F）が生じる（航空工学では、空気力のうち地面に垂直な成分は揚力、地面に水平な成分は抗力と呼ばれる）。流体の密度をρ、板の面積をS、風の速度をU、板の傾斜角をαとすると、傾斜した平板に働く力は、平板に垂直な方向に、

$$F = \rho S U^2 \sin^2(90° - \alpha) \quad \cdots\cdots (1)$$

となる（図2）。

　流体力学では、板に衝突した流体粒子は図2（b）の矢印Aのように跳ね返されず、図2（b）の矢印Bのように平板に沿って動くと仮定される。

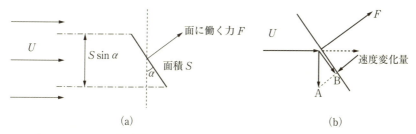

図2 面に働く力 F を示した図（左図a）と速度運動量を示した図（右図b）

$F = $ [単位時間当たりの運動量変化]
　$= $ [単位質量当たり・単位時間当たりの運動量変化] × [単位時間に面に作用する質量]
　$= U \sin(90° - \alpha) \times \rho U S \sin(90° - \alpha)$
　$= \rho S U^2 \sin^2(90° - \alpha)$

そのように仮定すると流体粒子の運動量ベクトルの変化量を表すベクトルは平板に垂直な方向を向き、その大きさは $U \sin \alpha$ となる。式（1）から、オオジョロウグモの巣が地面に対して垂直（傾斜角 $\alpha = 0°$）の時に、空気力 F は最大値を取り、傾斜角が大きくなるにつれ（網が傾くにつれ）、空気力は小さくなることがわかる。すなわち、網を少し傾けることで風からの力が少し緩和され、強風による網の崩壊リスクが下がると考えた。

なお、気象学において「風」とは地面に対して水平方向の流れ（水平風）のみを指し、垂直方向の流れ（鉛直風）は上昇気流または下降気流として区別されている。また、日常において風は水平方向に吹くことが多いため、本研究では水平方向の風のみ考慮した。

仮説2：ゴミ捨て行動がやりやすくなるため

個体の死亡などが原因で放棄されたオオジョロウグモの巣を観察すると、落ち葉などが引っかかっていることが多い（図3）。しかし、オオジョロウグモが生息している巣では、落ち葉などが引っかかっていることはあまり見られない。このことから、オオジョロウグモは常にゴミ掃除をしており、それは巣の傾きを調整するほど重要な行動なのではと考えた。

仮説3：枠糸を引っかける草木の位置関係に起因する

オオジョロウグモは網を張る時、まず地面や木の葉や枝などに枠糸を引っかけてから縦糸や横糸を張る。巣が傾いているのは、枠糸をかける葉や枝がたまたま垂直同一面にないなどの、葉や枝の位置関係に起因する外部

図3 クモがいない網の写真。枯れ葉が引っかかっている。

環境が原因であり、クモの行動決定とは無関係の現象なのではと考えた。

検証方法：野外調査（野外における巣の傾きの測定）

2013年7～8月、巣の角度（鉛直方向からのズレ）を調査した（$n=60$）。クモのいる面を左にして鉛直下向き（$α=0°$）に巣をセットした時を基準とし、反時計回りに傾いた時のなす角を正の角（$0<α<90°$）、時計回りに巣が傾いた時のなす角$α$を負の角（$-90°<α<0$）と定義した（図4）。角度の測定にはクリノメータを用いた。

【実験①】仮説（1）の検証方法

2013年8～9月、巣取装置を用いてオオジョロウグモの巣を個体ごと採取した（$n=3$）。巣取装置とは、輪にした針金を木の棒に固定させ、輪の部分に両面テープ貼りつけたもので、できるだけクモや巣に衝撃を与えな

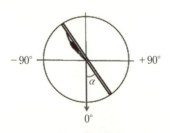

図4 巣の角度

図5 巣取り装置に引っかかっている巣に業務用大型扇風機の風を当てる実験

いようにそっと採集した。その後、巣の面に業務用大型扇風機の風を当て、どれくらいの風速で巣が崩壊するのか確かめた（図5）。

風の強さは弱（6.4 m/s）、中（8.4 m/s）、強（9.5 m/s）の3段階の風量調節を行い、その時の風速は風速計を用いて測定した。また、巣に当たる風の角度を変えるため、巣の角度を0°、30°、45°に変えて扇風機の風を当て巣が崩壊するかを確かめた。巣の中心と扇風機の距離は、ぶつからない程度にできるだけ近づけた。なお、大型扇風機の強の風 9.5 m/s は、気象庁の区分では強風の一歩手前の風の強さにあたる。

【実験②】仮説（2）の検証方法

オオジョロウグモのメスは、落ち葉が巣に付着した時にゴミを取り除く行動をとるかを調べた。巣取装置で採取した巣を用いて、落ち葉の付着場所と角度を変えた以下の4つの操作実験を行った（図6）。

操作1：野外無操作の巣（$\alpha > 0$）＋クモのいる側の面に枯れ葉を付着
操作2：野外無操作の巣（$\alpha > 0$）＋クモのいない側の面に枯れ葉を付着
操作3：装置に引っかけた巣（$\alpha = 0$）＋クモのいる側の面に枯れ葉を付着
操作4：装置に引っかけた巣（$\alpha < 0$、$\alpha = -30°$）＋クモのいる側の面に枯れ葉を付着

【実験③】仮説（3）の検証方法

2013年9月の晴れた日に、飼育箱に入れてどのような巣を作るかを観察した。飼育箱はメタルラック（35×75×100 cm）を改良したもので、クモ

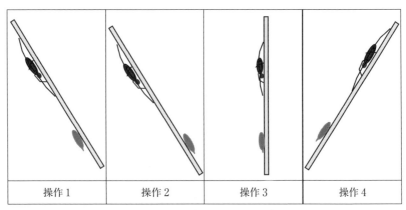

図6 仮説2の操作1～4の模式図

が逃げないよう両側面と上下の棚に簾（すだれ）を取り付け、表と裏に緑色の金網を取り付けた。また、クモが枠糸を張りやすく、かつ、どの角度でも巣を張れるように、ツタの造花を2本平行に並べて内側の側面に一周するように取り付けた（図7）。

図7 飼育箱

検証結果

オオジョロウグモの野外での巣（$n=60$）の角度を測定したところ、すべての巣がクモのいる面が下向きとなる角度（$\alpha > 0$）で巣を作っていることがわかった（図8）。また、平均角度は16.7°±11.4°（SD）となり、その多くが微妙な角度で傾いていることが明らかになった（表1、図9）。

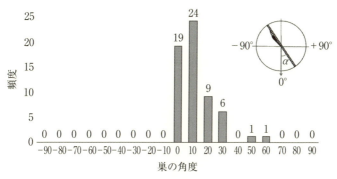

図8　野外での巣の角度のヒストグラム

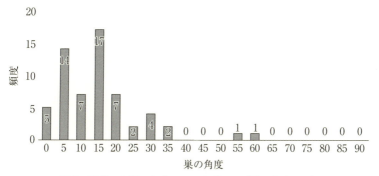

図9　野外での巣の角度のヒストグラム（正の角度のみ）

表1　野外におけるオオジョロウグモの巣の角度

平均角度（$\bar{\alpha}$）±SD（度）	最小角	最大角	n
16.7±11.4	1.0	61.0	60

表2 巣の強度と風速、角度の関係について

	扇風機の強さ	弱	中	強
	風速	6.4 m/s	8.4 m/s	9.4 m/s
巣A	0°	崩壊なし	崩壊なし	崩壊なし
	30°	崩壊なし	崩壊なし	崩壊なし
	45°	崩壊なし	崩壊なし	崩壊なし
巣B	0°	崩壊なし	崩壊なし	崩壊なし
	30°	崩壊なし	崩壊なし	崩壊なし
	45°	崩壊なし	崩壊なし	崩壊なし
巣C	0°	崩壊なし	崩壊なし	崩壊なし
	30°	崩壊なし	崩壊なし	崩壊なし
	45°	崩壊なし	崩壊なし	崩壊なし

【実験①】の結果

業務用大型扇風機の風を巣に当てた実験（$n=3$）では、採取した巣を $\alpha=60°$ に傾けた状態で微風、弱風、強風を当てたところ、いずれも巣は崩壊しなかった。$\alpha=30°$、$\alpha=0°$ と角度を変えても、同様の結果が得られた（**表2**）。

【実験②】の結果

操作1のようにクモのいる面に枯れ葉を付着させたところ、枯れ葉のところに素早くやって来て、ゴミだと判断すると直ちに葉に絡んでいる糸をほどいて真下に落とす行動が見られた（**図10**の操作1）。

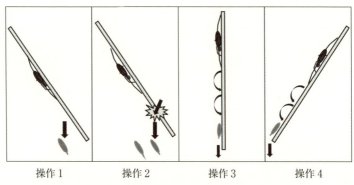

図10 落ち葉が地面に落ちるまでの軌跡の（イメージ図）

操作2のように、クモのいない面に枯れ葉を付着させると、操作1と同様にすぐにオオジョロウグモがやって来るが、網を破りながら裏面に付着している枯れ葉を表面に移動させ、それから真下に枯れ葉を落とすという一手間かけた行動が見られたが、非常に手際よい行動であった（図10の操作2）。

操作3では、巣を垂直（$\alpha=0$）に立てて操作1と同様の実験を行ったところ、操作1と同じ行動を示したが、真下に落とした枯れ葉は再び自分の網に引っかかってしまうため、下に落とそうとする行動が何度も繰り返され、ようやく枯れ葉が下に落ちた（図10の操作3）。さらに逆の角度（$\alpha<0$）に傾けた操作4では、操作3以上に下に落とした枯れ葉が自分の巣に引っかかり、かつ、自重でクモの巣が下にたわみ、体が網に付着して歩きにくそうな行動を示し、時間をかけて絡んだ糸をほつれさせながら、辛うじて転がすように枯れ葉を巣の外に放出していた（図10の操作4）。

【実験③】の結果

オオジョロウグモのメス5個体を採集して飼育箱内で巣を作くらせたところ、すべての個体が$\alpha>0$となる角度で巣を作った（平均角度16.7℃±1.6°、最大角18.5°、最小角15.0°、$n=5$,）。この平均角度16.7°±1.6°は、野外での巣の平均角度16.7°±11.4°（表1）と同じ値である（**表3、図11**）。

表3　飼育箱内に営巣するオオジョロウグモの平均角度

平均角度（$\bar{\alpha}$）±SD（度）	最小角	最大角	n
16.7±1.6	15.0	18.5	5

図11　飼育箱内に営巣するオオジョロウグモ

考察および今後の課題

　宮古島の野外でオオジョロウグモの巣60個の角度を測定したところ、必ずクモのいる面が下向きとなる角度（mean ± s.d. = 16.7 ± 11.4）となっていた。このように傾いた巣を作製する要因を探るために、検証可能な3つの仮説をたてた。仮説1の検証実験から、オオジョロウグモの巣の崩壊リスクと巣の角度との関係性は、積極的に支持されなかった。

　本研究の中で、オオジョロウグモのメスは巣に付くゴミを即座に地面に落とすことがわかった。この行動が頻繁に行われるならば、一連の行動の流れがスムーズであることが得策である。操作1のように、クモのいる面にゴミが付着した場合は、クモのいる面が下向きになるよう巣が傾いているとゴミは捨てやすいと思われ、実際スムーズなゴミ捨て行動が見られた。しかし、この場合、クモのいない面（裏面）にゴミが付着した時は捨てにくくなると予測したが、オオジョロウグモは網を破り、ゴミを表面に移動させてから下に捨てるという手際よい行動を行った。つまり、ゴミ捨てという行動から巣の角度を見てみると、非常に理にかなった角度であることがわかる。

　巣の角度が $\alpha \leq 0$ の時では、操作1と同じ流れでゴミ捨て行動が行われたが、落としたゴミが再び自分の網に引っかかってしまい、何度も何度も繰り返すという不手際な行動が確認された。

　$\alpha < 0$ の時は、その傾向はさらに顕著に現れた。これらは巣の角度とゴミ捨て行動はリンクしており、仮説2を支持する結果である。ゴミ捨て行動がエサの捕獲率やクモの生存率に影響を与えるならば、進化要因の1つになり得るのではないだろうか。

　仮説3の実証実験では、飼育箱内は垂直や負の角度でも巣を張れる環境だったにもかかわらず、4個体すべてで $\alpha > 0$ （平均角度 16.7℃ ± 1.6°、最大角 18.5°、最小角 15.0°、$n = 5$）、すなわち、クモのいる面が下となる角度で巣を作製した。このことから、巣の傾きは外的環境の要因ではなく、ク

モ自身の積極的な行動によるものであることがわかった。さらに、飼育箱内の平均角度 16.7°±1.6°（表3）と野外での巣の平均角度 16.7°±11.4° が同じ値を示したことは非常に興味深い結果である。この微妙な傾き 16.7° には、やはり何か意味があるのではないだろうか。

　本研究では、傾いた巣を作製する行動の究極要因について調べたが、当然多くの要因が複雑に絡まって形成された現象であるため、明確な答えを導くことは非常に難しいことである。しかし、この複雑に絡まった要因を1つひとつ解明し、さらに面白い実証研究を行っていきたい。

［引用文献］

1)　新海栄一、『日本のクモ』、文一総合出版、2006
2)　小野展嗣、『クモ学―摩訶不思議な八本足の世界』、東海大学出版、2002

受賞のコメント

受賞者のコメント

生物の謎を解き明かしていく楽しさ
●沖縄県立宮古高等学校　生物部
　3年　平良 榛希

　クモの研究を本格的に行い始めたのは8月頃という暑い時期で、汗を垂らしながらのサンプリング調査だった。論文、ポスター、パワーポイントの作成は初めてだったので、頭を抱えながら必死にやった。研究の難しさや大変さをかなり実感した経験でもある。また、生物の謎を解き明かしていく楽しさや喜びを知ることができた初めての経験でもあるので、貴重な人生の財産となっている。
　本研究はまだまだやり残していることがあり、ぜひ後の生物部員が研究を進めて新たな発見をしてほしいと思う。

指導教員のコメント

遊びから始まった研究
●沖縄県立宮古高等学校　生物部　顧問　川端 俊一

　宮古高校生物部ではミヤコマドボタルの研究も行っているため野外に出かけることが多く、そのたびに何でオオジョロウグモの巣は傾いているのだろうという疑問は出ていた。
　そんな折、ふと生徒が巣にセミの抜け殻を投げ込んだところ、エサが引っかかったと思ってかオオジョロウグモが一目散に抜け殻にやってきた。これが面白く、生徒も私も何度もセミの抜け殻を投げ込んで遊んでいた（クモには申し訳なかったが……）が、ゴミとわかった途端、取り除く作業が開始され、最後は持ち上げてポイッと地面に捨てるのを見た時は、生徒と一緒に歓声を上げて大興奮したことを今でも覚えている。
　このように遊びから始まった「高校性らしい」研究を評価して頂き、顧問として感謝申し上げる。

努力賞論文

未来の科学者へ

身近な対象で面白い研究、慎重な解釈

　クモの巣という身近な対象に興味をもって、巣の角度がほぼ一定であることに気づいたことが、観察力の鋭さを物語っている。私自身、クモの巣の角度を気にしたことがなかったが、ジョロウグモの巣を見てみると、確かに巣がわずかに傾いている。これは何とも不思議だ。

　論文を読みつつ、その角度の場合に巣の強度が高まるのではないかと私は考えたのだが、生徒さんはその予想を否定して、巣が傾いていると少なくとも蜘蛛のゴミ捨て行動に好都合であるようだという結論を得た。

　この論文を読んでいて私が一番印象に残ったのは、考えられる仮説を多く挙げて、ある仮説を支持する結果、あるいは支持しない結果を得た時に、とても慎重に考察を加えていた点である。完全に肯定もせず否定もせずという姿勢は、研究を長く続けて正しい方向に進めるために大事なことであると私は思っている。高校生でこのような姿勢をすでに身に着けていることに拍手を送りたいし、先生方のご指導に頭が下がる。論文中の考察にもあったが、巣の傾きについて、ゴミ捨て行動以外の理由がないのか、研究の報告を楽しみにしている。

　私は遺伝学を専門にしているので、なぜあんなに複雑な巣を、角度に注意しながら、誰にも教わらずに作ることができるのか、という点に興味がわいた。またクモの種によって、巣の張り方に違いはあるのだろうか。どこにでもあるクモの巣、面白い研究対象である。

（神奈川大学理学部　特別助教　安達　健）

第13回神奈川大学全国高校生理科・科学論文大賞 団体奨励賞受賞校

埼玉県／山村国際高等学校
兵庫県／兵庫県立西脇高等学校
愛媛県／愛媛県立今治西高等学校
愛媛県／愛媛県立八幡浜高等学校
福岡県／久留米工業高等専門学校

第13回神奈川大学全国高校生理科・科学論文大賞 応募論文一覧

青森県立名久井農業高等学校
「無臭セロリの研究」

岩手県立一関第一高等学校
「比美娘（ひみこ）〜美しい比について〜」

岩手県立一関第一高等学校
「熱効率100％への探求」

岩手県立一関第一高等学校
「ミルククラウンの謎」

岩手県立一関第一高等学校
「空気アルミニウム電池の簡易化」

岩手県立一関第一高等学校
「無添加せっけんを作ろう！！！！」

岩手県立一関第一高等学校
「The World of Aphid」

岩手県立一関第一高等学校
「ミドリムシで燃料をつくる〜生物室の油田〜」

茗溪学園高等学校
「自作装置を使用した小惑星模擬試料回収実験」

高崎商科大学附属高等学校
「流体抵抗における粘性率の考察」

群馬県立前橋女子高等学校
「点光源から放射状の筋が見えるのはなぜか」

群馬県立前橋女子高等学校
「伝統的七夕ライトダウンの普及と科学的評価」

群馬県立前橋女子高等学校
「二重振り子のカオスの理解と制御」

群馬県立中央中等教育学校
「消化器疾患および生命倫理観について」

群馬県立中央中等教育学校
「宇宙人と人類のかかわりについて～地球外生命体の探査～」

群馬県立中央中等教育学校
「最も美しく最も謎めいた比率について～黄金比はなぜ美しいのか～」

群馬県立中央中等教育学校
「福島原発事故から考える人間と動物の関係性」

埼玉県立春日部女子高等学校
「M42 のスペクトル解析」

埼玉県立春日部女子高等学校
「雷鳴の周波数解析」

山村国際高等学校
「天然食品の食中毒菌に対する抗菌効果の測定」

山村国際高等学校
「グリーンサラダの保存法」

山村国際高等学校
「ペーパーディスクを使用した天然精油の抗菌効果の測定」

市川高等学校
「塩化銅（Ⅱ）の炎色反応はなぜ青色になるのか」

敬愛学園高等学校
「強力な生プラ分解菌はどこに？〜身近な植物から探る〜」

千葉市立千葉高等学校
「テルミット反応を探る！〜より効率的な精練・溶接技術の開発〜」

千葉県立安房高等学校
「二酸化炭素から有機化合物を合成する研究」

千葉県立安房高等学校
「燃料電池触媒における酸化還元電位による能力の測定」

千葉県立安房高等学校
「人工イクラの農業利用」

千葉県立安房高等学校
「スクールカラーの紫に布を染めたい！」

千葉県立安房高等学校
「色素増感太陽電池の研究」

千葉県立安房高等学校
「安価で実用的な燃料電池の研究」

千葉県立安房高等学校
「層状メッキを使った高効率燃料電池」

東京都立戸山高等学校
「新しい日焼け止めの開発」

渋谷教育学園渋谷高等学校
「パズルゲームを解くアルゴリズム」

横浜市立横浜サイエンスフロンティア高等学校
「マメ科植物との共生における根粒菌側の利益についての解析」

神奈川県立神奈川総合産業高等学校
「三平方の定理が成り立つ直角三角形の三辺が自然数の範囲で成り立つとき $a^2 + b^2 = c^2$ ならば $a^2 = b + c$ 但し $c - b = 1$」

神奈川県立神奈川総合産業高等学校
「$a^3 + b^3 + c^3 = d^3$ について」

岐阜県立加茂高等学校
「斜面に咲くカタクリの花の向き」

静岡北高等学校
「Plant senescence による葉色研究法の開発と利用」

静岡県立富岳館高等学校
「水ロケットにおける加速度と飛距離の研究」

名古屋市立向陽高等学校
「自作赤道儀で星を追う」

三重県立四日市中央工業高等学校
「構造振動装置の開発〜 gainer mini を利用して〜」

京都府立洛北高等学校
「牛乳の泡の形成と乳脂肪の影響」

京都市立堀川高等学校
「地震に弱い構造を地震に強い構造へ」

京都市立堀川高等学校
「生活空間における音の干渉の影響」

京都市立堀川高等学校
「動いている自転車を倒れないようにする条件」

京都市立堀川高等学校
「日本城郭における石垣の積み方と耐震性の関係」

京都市立堀川高等学校
「こってりラーメンはなぜ冷めにくいのか〜粘度と温度変化の関係〜」

京都市立堀川高等学校
「すりガラスの透明化のしくみ」

京都市立堀川高等学校
「髪の毛のキューティクルを摩擦係数で定義する」

京都市立堀川高等学校
「淀川ポロロッカ〜淀川における大阪湾の海水の遡上〜」

京都市立堀川高等学校
「茶サポニンで水を浄化できるのか〜泡沫分離法を用いて〜」

京都市立堀川高等学校
「円周角の定理を用いた四角い虹の構築」

大阪府立農芸高等学校
「ワイン残渣化粧水の開発と商品化」

大阪府立農芸高等学校
「ブドウの天然赤色色素の生成技術開発とその利用について」

大阪府立農芸高等学校
「もったいないプロジェクト　No More シュレッダーゴミ」

大阪府立農芸高等学校
「橘の利用法を探る」

大阪府立園芸高等学校
「粘着トラップ法を用いたカシノナガキクイムシの防除法の研究」

兵庫県立西脇高等学校
「兵庫県南部地震の最大余震（2013年4月13日）と加古川市南部の地盤の動き～マンホール周囲の通路面の亀裂に着目して～」

兵庫県立西脇高等学校
「本校が立地する兵庫県中部～南部地域の基盤岩の形成過程―兵庫県中部～南部に広く分布する流紋岩質凝灰岩に着目して―」

神戸市立六甲アイランド高等学校
「タテジマイソギンチャクの闘争行動を指標としたクローン調査」

兵庫県立加古川東高等学校
「塩ストレス下におけるダイズ根粒着生に及ぼす各種資材の効果」

兵庫県立柏原高等学校
「米からCa、Mgは溶け出すか？～日本酒の硬度上昇から～」

島根県立松江南高等学校
「宍道湖ヘドロ電池（しんじこへどろでんち）」

広島県立西条農業高等学校
「ニワトリ受精卵細胞に関する雌雄特異的DNAバンドの確認方法に関する研究」

広島県立西条農業高等学校
「加工処理に伴う食品含有の生理活性物質の残存量に関する研究～加工方法の違いによるシイタケに含まれる生理活性物質の変化～」

広島県立西条農業高等学校
「山のグラウンドワークによる水質へ影響について」

広島県立西条農業高等学校
「ウメノキゴケの生育に影響を与える要因について～校内8エリアの被度調査結果～」

高川学園高等学校
「鉄細菌の化学合成システムについて」

愛媛県立新居浜工業高等学校
「シイタケ廃菌床ラッカーゼによる染色廃水の脱色について」

愛媛県立今治西高等学校
「クマムシの乾眠耐性に関する研究」

愛媛県立今治西高等学校
「有機溶媒耐性細菌の研究」

愛媛県立八幡浜高等学校
「ヨットの帆の材質や形状と走行性能の関係についての研究」

愛媛県立八幡浜高等学校
「光学台と単色光源を用いた水溶液の屈折率測定」

愛媛県立八幡浜高等学校
「データロガー計測システムと水熱量計を組み合わせた熱量測定実験～熱量保存の定量的検証とその応用～」

愛媛県立宇和島東高等学校
「宇和島市の渡り鳥飛来地（来村川河口）における疾病媒介蚊調査 2013 － 2014」

久留米工業高等専門学校
「すべて異なる確率」

久留米工業高等専門学校
「無限小数と分数」

久留米工業高等専門学校
「ネフロイドの研究」

久留米工業高等専門学校
「久留米に関わる和算の研究」

福岡県立鞍手高等学校
「挑戦！見てわかる溶存酸素量」

長崎県立島原農業高等学校
「規格外枇杷を用いた新しい米粉製品の開発」

長崎県立島原農業高等学校
「産業廃棄物の有効利用法の研究　おからを用いた椎茸菌床栽培」

熊本県立鹿本農業高等学校
「地域循環型農業を目指して〜竹資材と微生物を活用した私たちの取り組み〜」

宮崎県立都城泉ヶ丘高等学校
「炭素電極は本当に安定な電極なのか！？〜陽極破壊メカニズムの解明を目指して〜」

鹿児島県立錦江湾高等学校
「桜島の降灰測定器の作製について」

沖縄県立球陽高等学校
「台風の積乱雲が風速に及ぼす影響～扇風機と掃除機を用いた積乱雲モデル実験を通して暴風のメカニズムを探る～」

沖縄県立球陽高等学校
「気象条件がブーゲンビリアの開花に及ぼす影響」

沖縄県立球陽高等学校
「ルイスツノヒョウタンクワガタにおける雌雄判別法の確立」

沖縄県立球陽高等学校
「ミツバチの排泄条件について」

沖縄県立開邦高等学校
「オキナワノコギリクワガタにおける体色二型保持について」

沖縄県立宮古高等学校
「オオジョロウグモの巣はなぜ傾いているのか？」

沖縄県立宮古高等学校
「ミヤコマドボタルの幼虫はなぜ畑や市街地公園では見られないのか？」

神奈川大学
全国高校生理科・科学論文大賞の概要

＜設立の目的・ねらい＞

本大賞は、学校法人神奈川大学が「高等学校の理科教育を支援する試み」として2002年に創設いたしました。全国の高校生を対象に、理科・科学に関する研究や実験、観察、調査の成果についての論文を募集し、予備審査・本審査を経て、各賞を決定します（第13回 応募論文数93編、応募高校数45校）。

毎年3月に行う授賞式では、受賞者の表彰や基調講演のほか、受賞者による「研究発表」の場を設けることで、高校生の更なる研究を促しています。

また、高校生の独創的な発想や研究の成果を多くの方々に伝え、未来をになう科学者の誕生へとつながるよう期待を込め、受賞作品集『未来の科学者との対話』を出版しています。

＜募集論文内容＞

理科・科学に関する研究や実験、観察、調査の成果。
　例：数学、物理、化学、地学、生物、情報、自然、技術など
論文の分量はA4で10枚（16,000字）程度。

＜応募条件＞

高等学校に所属する個人または、理科・科学系クラブなどの団体、有志グループ。
※応募論文の著作権は、学校法人神奈川大学に帰属します。（返却いたしません）

＜審査委員＞

審査委員長：長倉三郎（神奈川大学特別招聘教授・東京大学名誉教授）
審査委員　：上田誠也（東京大学名誉教授）
　　　　　　田畑米穂（東京大学名誉教授）
　　　　　　中村桂子（JT生命誌研究館館長）
　　　　　　細矢治夫（お茶の水女子大学名誉教授）
　　　　　　竹内敬人（神奈川大学名誉教授・東京大学名誉教授）
　　　　　　佐藤祐一（神奈川大学名誉教授）

＜各賞と受賞対象について＞

　大賞（1編）　　　　　応募論文の中で最も優れた論文
　優秀賞（3編程度）　　大賞に準じて優秀な論文
　努力賞（15編程度）　 優秀賞に準じて優秀な論文
　指導教諭賞　　　　　大賞、優秀賞、努力賞の各入賞者を指導された教諭
　団体奨励賞（5校）　　複数の優秀な論文応募があった高校

あ と が き

　2002年に創設された神奈川大学全国高校生理科・科学論文大賞も今回で第13回目を迎え、今年度は全国45校から93編の応募がありました。多数参加いただいた全国の高校生の皆さんとご指導に当たられた先生方に心より感謝申し上げます。また、審査委員長の長倉三郎先生をはじめ、上田誠也先生、田畑米穂先生、中村桂子先生、細矢治夫先生、竹内敬人先生、佐藤祐一先生の各審査委員の先生方には厳正な審査をいただきました。厚く御礼を申し上げます。
　今年度の大賞には愛媛県立新居浜工業高等学校環境化学部による「シイタケ廃菌ラッカーゼによる染色廃水の脱色について」が選ばれました。同校の環境化学部は、地元愛媛県の主要な産業であるタオル生産や製紙業の工場から出される染色廃水によって着色された河川水の脱色方法に長年取り組んでこられ、第10回神奈川大学全国高校生理科・科学論文大賞では、染色廃水に含まれるアゾ染料を有効に分解する細菌の発見により努力賞を受賞されています。今回の論文は先輩たちが行った研究では分解できなかったアントラキノン系染料の脱色方法に取り組み、シイタケ廃菌床に含まれる酵素ラッカーゼによって分解できることを突き止めました。さらに、アゾ染料を分解する微生物を発見した先輩達の先行研究と組み合わせた廃水処理システムの提案を行っており、地元に密着しかつ応用への期待も大きい点が評価されました。また優秀賞には山村国際高等学校生物部　小林聖莉奈さんによる「天然食品の食中毒菌に対する抗菌効果の測定」、兵庫県立西脇高等学校地学部マグマ班による「本校が立地する兵庫県中部〜南部地域の基盤岩の形成過程」、渋谷教育学園渋谷高等学校　齋藤主裕さんによる「パズルゲームを解くアルゴリズム」の3組の研究が選ばれました。このほかに努力賞15組が選ばれました。今年度の特徴として、上位論文はいずれも甲乙つけがたいレベルの高い論文であったこと、個人研究でレベルの高い論文が目立ったことなどが挙げられます。努力賞に留まった研究の中に

も非常にレベルの高い研究があった点は特筆されます。また、これまで応募がなかった高校からの積極的な応募をいただいたことも今年度の特色でした。

　神奈川大学横浜キャンパスで行われた受賞式では、第一部として本学理学部の上村大輔教授による「海洋生物に医薬リードを求めて」という演題で講演が行われました。上村先生は名古屋大学で学生生活を過ごされ、また教授としても長く務められたご経歴をお持ちです。名古屋大学は6人ものノーベル賞受賞者を輩出していますが、特に化学賞を受賞された野依良治先生と下村修先生とのエピソードをご紹介くださりながら、上村先生ご自身のご研究をお話し下さいました。上村先生のお話ぶりは大変自由闊達で、大変胸のわくわくするようなストーリーが展開され、予定されていた1時間の講演時間はあっという間に過ぎ去りました。会場におられた高校生の皆さんや高校の先生方ばかりでなく、私自身も含めて関係者一同、大いに楽しませていただき、また、高い志を持って科学に挑むという精神に触れさせていただきました。引き続き行われた第二部では各賞の授賞式後に、大賞、優秀賞のあわせて4組の研究発表が行われましたが、いずれも、すばらしいプレゼンテーションで、今年度応募いただいた研究論文のレバルの高さを改めて認識することができました。

　今回の受賞作品集「未来の科学者との対話13」を刊行することができました。受賞論文を読みやすい形でリライトしてありますが、あくまでも原論文の持ち味を生かすように工夫されています。なお、予備審査には、本学の理学部・工学部に所属する多数の教員があたったことを付け加えさせていただきます。それぞれの受賞論文には予備審査にあたった教員からのメッセージ「未来の科学者へ」を掲載しております。受賞者へのエールとなれば幸いです。

第13回神奈川大学全国高校生理科・科学論文大賞専門委員会委員長
　　　　　　　　　　　　　　　　　　　　井上　和仁

未来の科学者との対話 13
―第13回神奈川大学 全国高校生理科・科学論文大賞 受賞作品集― NDC 375

2015年5月25日　初版1刷発行　　　　　定価はカバーに表
　　　　　　　　　　　　　　　　　　示してあります

Ⓒ　編　者　学校法人 神奈川大学広報委員会
　　　　　　全国高校生理科・科学論文大賞専門委員会
　　発行者　井水 治博
　　発行所　日刊工業新聞社
　　　　　　〒103-8548　東京都中央区日本橋小網町 14-1
　　電　話　書籍編集部　03(5644)7490
　　　　　　販売・管理部　03(5644)7410
　　FAX　03(5644)7400
　　振替口座　00190-2-186076
　　URL　　http://pub.nikkan.co.jp/
　　e-mail　info@media.nikkan.co.jp
　　製作　　日刊工業出版プロダクション
　　印刷・製本　新日本印刷

落丁・乱丁本はお取り替えいたします。
2015 Printed in Japan
ISBN 978-4-526-07414-1　C3050

本書の無断複写は，著作権法上の例外を除き，禁じられています。